從5種版型學會做20款婚紗 & 禮服

Wedding & Color dress

野中慶子　岡本阿津沙　松尾一弘

瑞昇文化

contents

女性最耀眼的時刻就是穿上婚紗禮服。
可愛、璀璨、潔白、憐愛、莊嚴、妖豔、美麗、華麗，
哪種形象比較適合自己呢？
本書準備了5種剪裁輪廓變化，
不論是隨興或是經典都可以對應。
也可以應用於重新配色，
只要更換布料，就可以改變整體氛圍。
請穿著自己製作的婚紗禮服，
迎接步上紅毯的人生重要紀念日吧！

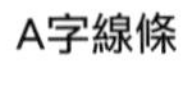

style 1 A-line

基本

A字線條 基本

平口的簡單A字線條。測量尺寸，衣身進一步試著用胚布等配布進行假縫吧！

How to make ☞ p.46

紙型的操作

附錄1、2面中，以S、M、ML、L分級的實物大小紙型是基本的紙型。根據「文化式原型成人女子」進行製圖的分配尺寸記載於右頁。

基本的紙型（1、2面）

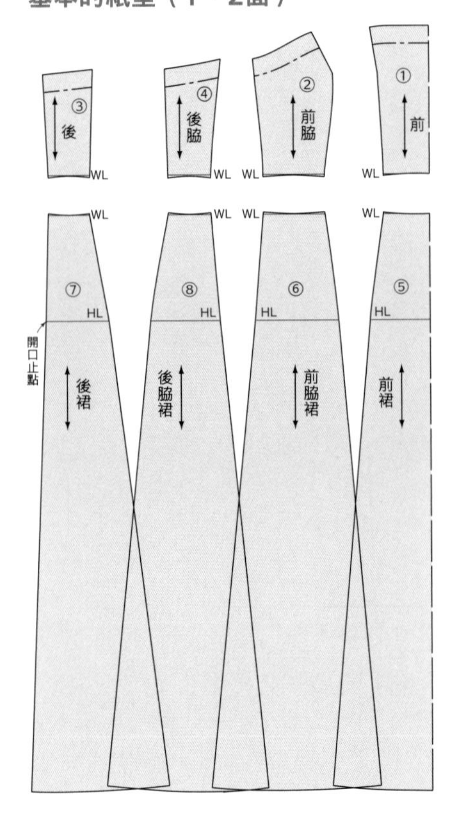

使用附錄的原型進行製圖時

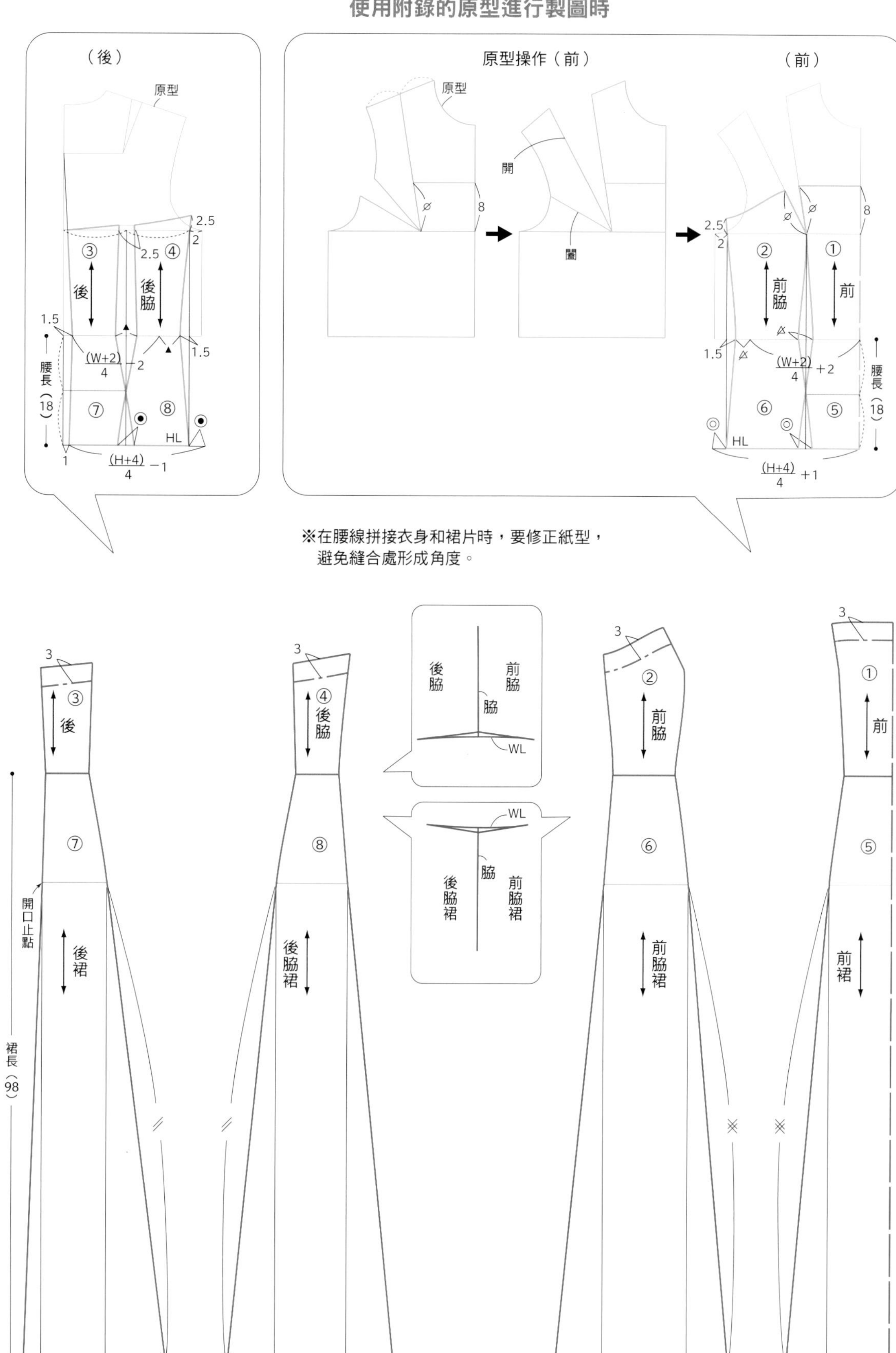

※在腰線拼接衣身和裙片時，要修正紙型，
避免縫合處形成角度。

Style 1 * A-line

應用 1

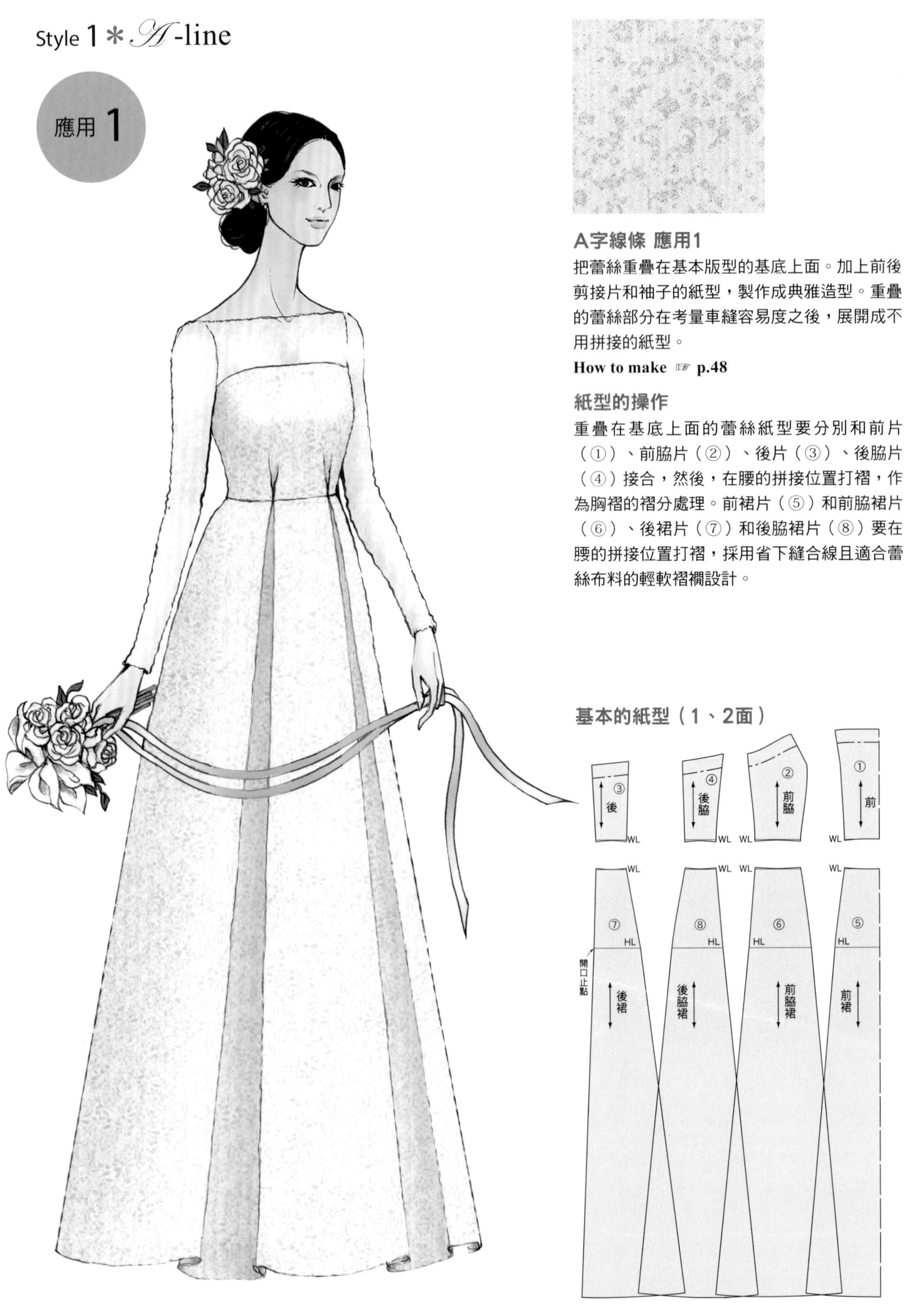

A字線條 應用1

把蕾絲重疊在基本版型的基底上面。加上前後剪接片和袖子的紙型，製作成典雅造型。重疊的蕾絲部分在考量車縫容易度之後，展開成不用拼接的紙型。

How to make ☞ p.48

紙型的操作

重疊在基底上面的蕾絲紙型要分別和前片（①）、前脇片（②）、後片（③）、後脇片（④）接合，然後，在腰的拼接位置打褶，作為胸褶的褶分處理。前裙片（⑤）和前脇裙片（⑥）、後裙片（⑦）和後脇裙片（⑧）要在腰的拼接位置打褶，採用省下縫合線且適合蕾絲布料的輕軟褶襉設計。

基本的紙型（1、2面）

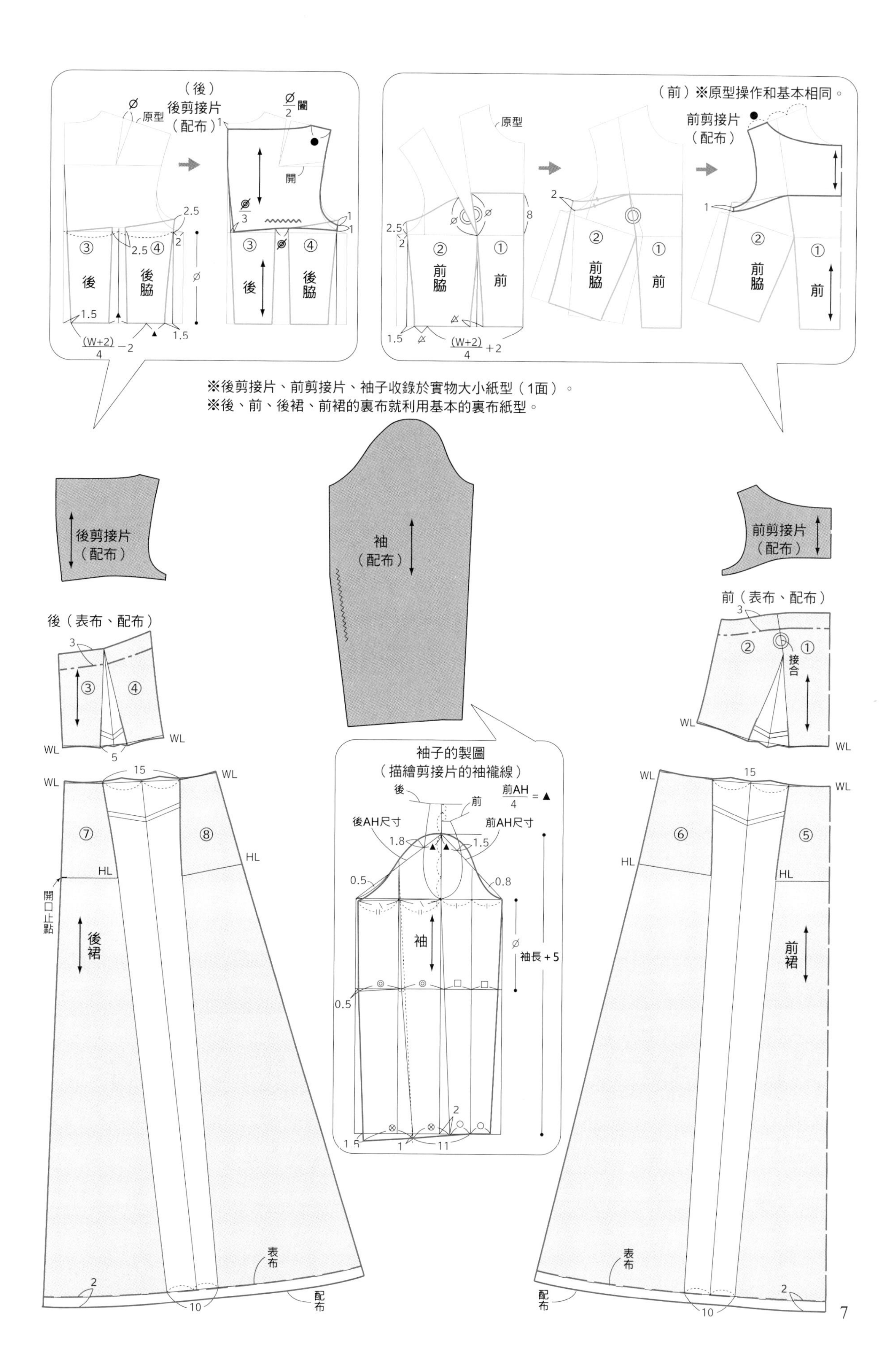
（後）
後剪接片
（配布）
原型
開
後
後脇
（前）※原型操作和基本相同。
前剪接片
（配布）
前脇
前
※後剪接片、前剪接片、袖子收錄於實物大小紙型（1面）。
※後、前、後裙、前裙的裏布就利用基本的裏布紙型。
後剪接片
（配布）
袖
（配布）
前剪接片
（配布）
後（表布、配布）
前（表布、配布）
接合
WL
HL
開口止點
後裙
前裙
袖子的製圖
（描繪剪接片的袖襬線）
後AH尺寸
前AH尺寸
袖長＋5
表布
配布

Style 1 * A-line

應用 2

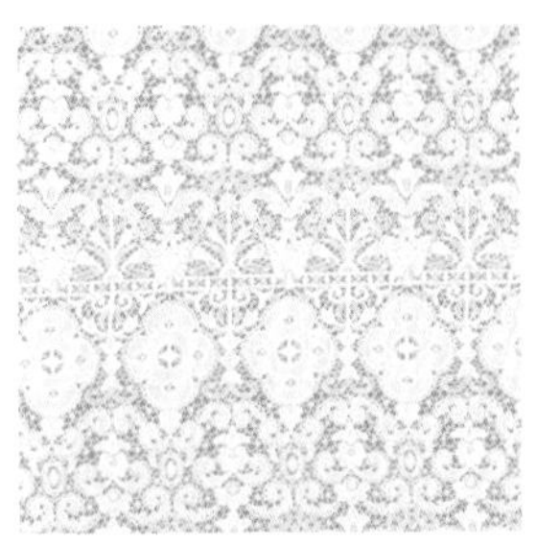

A字線條 應用2

把基本版型當成基底，將蕾絲布料重疊在上面。在胸前和裙襬加上抓皺的垂綴和簡單捲製而成的緞帶玫瑰，增添禮服的華麗感。衣身和應用1相同，在基本的基底上面重疊上一層蕾絲布料，製作出簡約風格。

How to make ☞ **p.50**

紙型的操作

抓皺成垂綴的布要分別接合前片（①）、前脇片（②）、後片（③）和後脇片（④），然後，畫出胸前的紙型，剪裁出垂綴的布量。在前裙片（⑤）和前脇裙片（⑥）、後裙片（⑦）和後脇裙片（⑧）的拼接處加上細褶份，腰部的拼接就以細褶抽縮來進行收邊。適合用蕾絲布料來做最後美化的款式。

基本的紙型（1、2面）

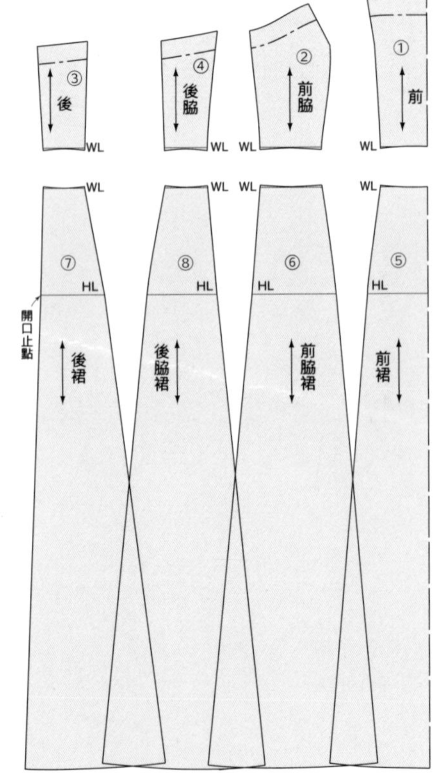

※後、後脇、前、前脇、後裙、前裙的裏布就利用基本的裏布紙型。

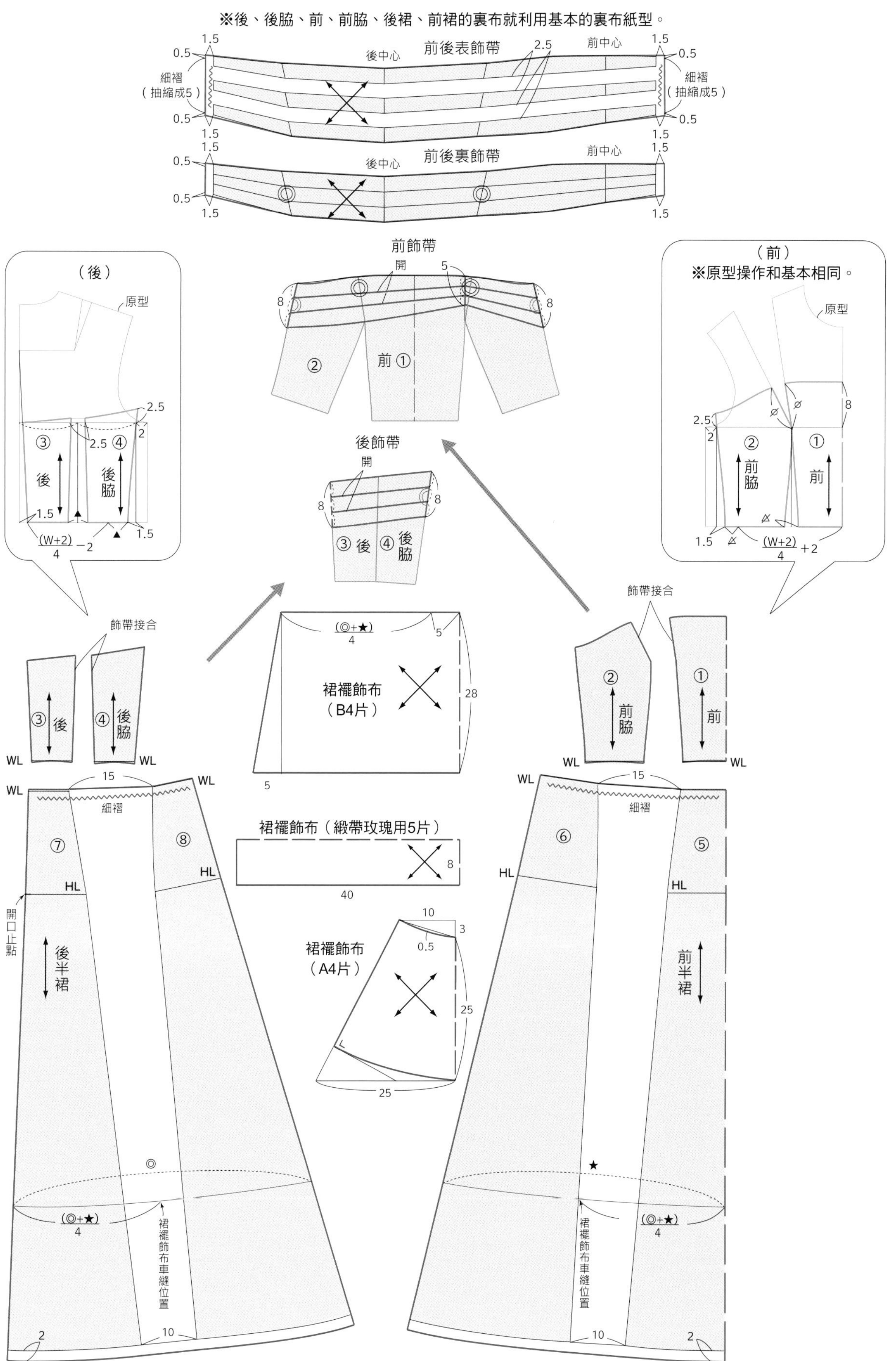

Style 1 * A-line

應用 3

A字線條 應用3

基本的平口基底加上肩布，再加上燈籠袖的古典設計。衣身和應用1相同，同樣把蕾絲重疊在基本的基底上面，裙片部分利用細褶抽縮來進行收邊。

How to make ☞ **p.52**

紙型的操作

從基底的胸線高度，測量上臂圍的尺寸，進行肩部的製圖。前裙片（⑤）和前脇裙片（⑥）、後裙片（⑦）和後脇裙片（⑧）的拼接要加上細褶份，腰部的拼接就用細褶抽縮來收邊。和應用1相同，同樣都是適合用蕾絲布料來做最後美化的款式。裙襬也要利用大量的細褶來增加褶飾邊，製作出華麗的禮服。

基本的紙型（1、2面）

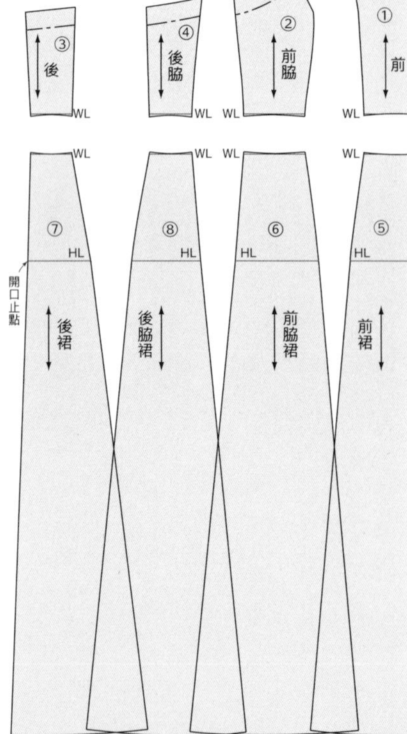

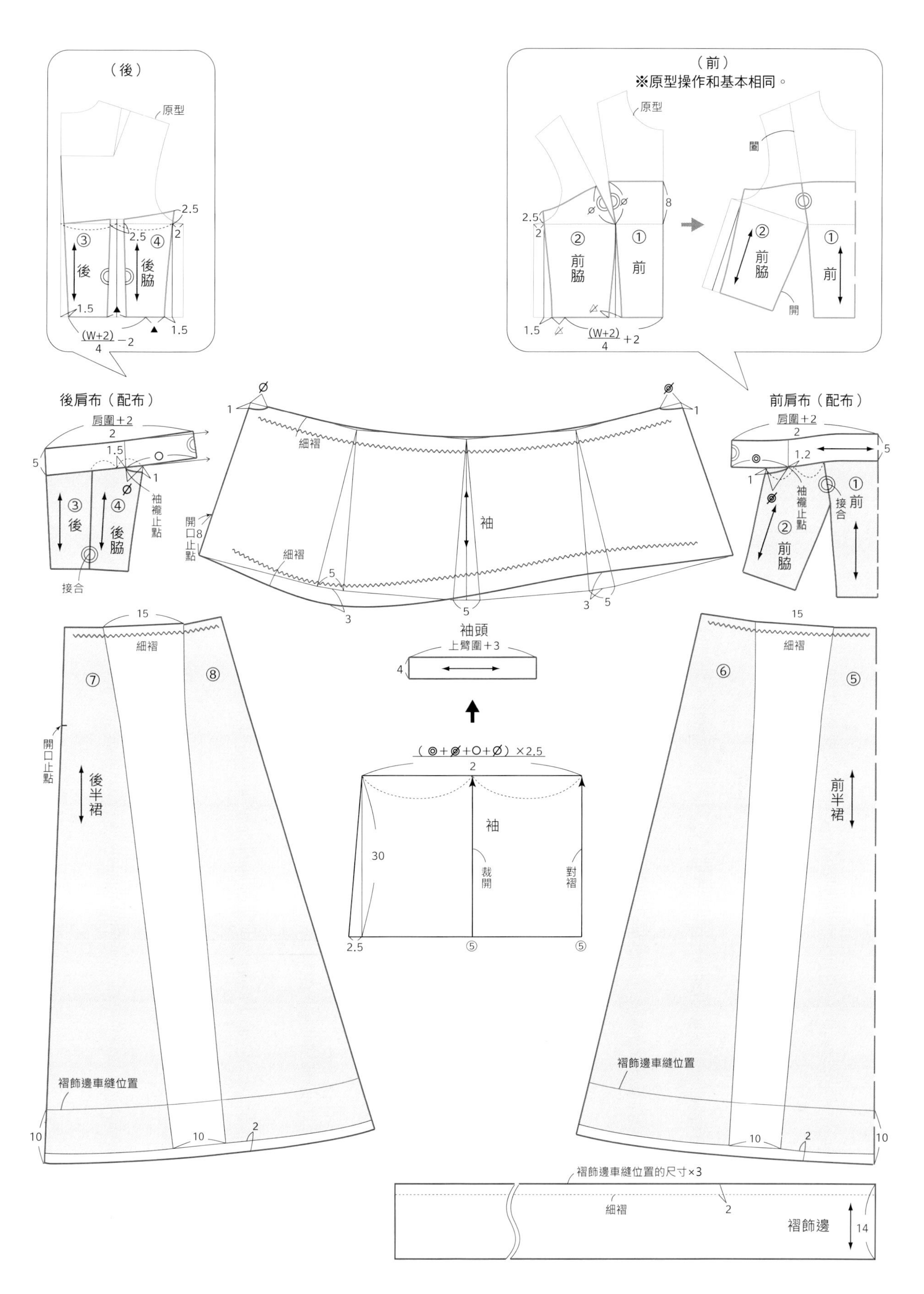
（後）
原型
2.5
2.5
2
③
後
④
後脇
1.5
1.5
(W+2)/4 −2
（前）
※原型操作和基本相同。
原型
闔
8
2.5
2
②
前脇
①
前
1.5
(W+2)/4 +2
開
後肩布（配布）
肩圍+2/2
1.5
5
1
袖襱止點
接合
細褶
袖
開口止點
8
5
3
前肩布（配布）
肩圍+2/2
1.2
5
1
15
細褶
⑦
⑧
開口止點
後半裙
褶飾邊車縫位置
10
10
2
袖頭
上臂圍+3
4
（◎+⌀+○+⌀）×2.5/2
30
裁開
對褶
2.5
⑤
⑥
前半裙
褶飾邊車縫位置的尺寸×3
褶飾邊
14

style 2 基本

Empire line

帝政線條 基本

衣身只延伸至下胸圍線的平口款式。裙子部分從下胸圍線一路往下懸垂，使下半身更顯修長的女帝風格。

How to make ☞ p.54

紙型的操作

以A線條的基本衣身作為基底。因為腰部採取沒有緊貼於身體的輪廓剪裁，所以衣身的胸圍部分必須比任何線條更加貼身。和A線條相同，同樣利用胚布等配布進行假縫吧！

基本的紙型（3、4面）

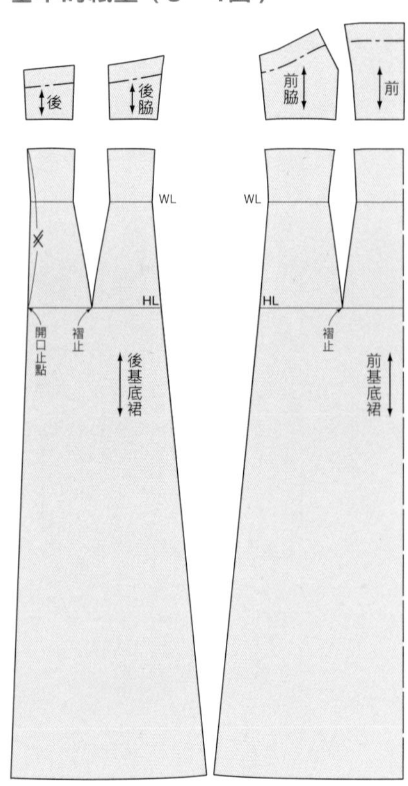

使用附錄的原型進行製圖時

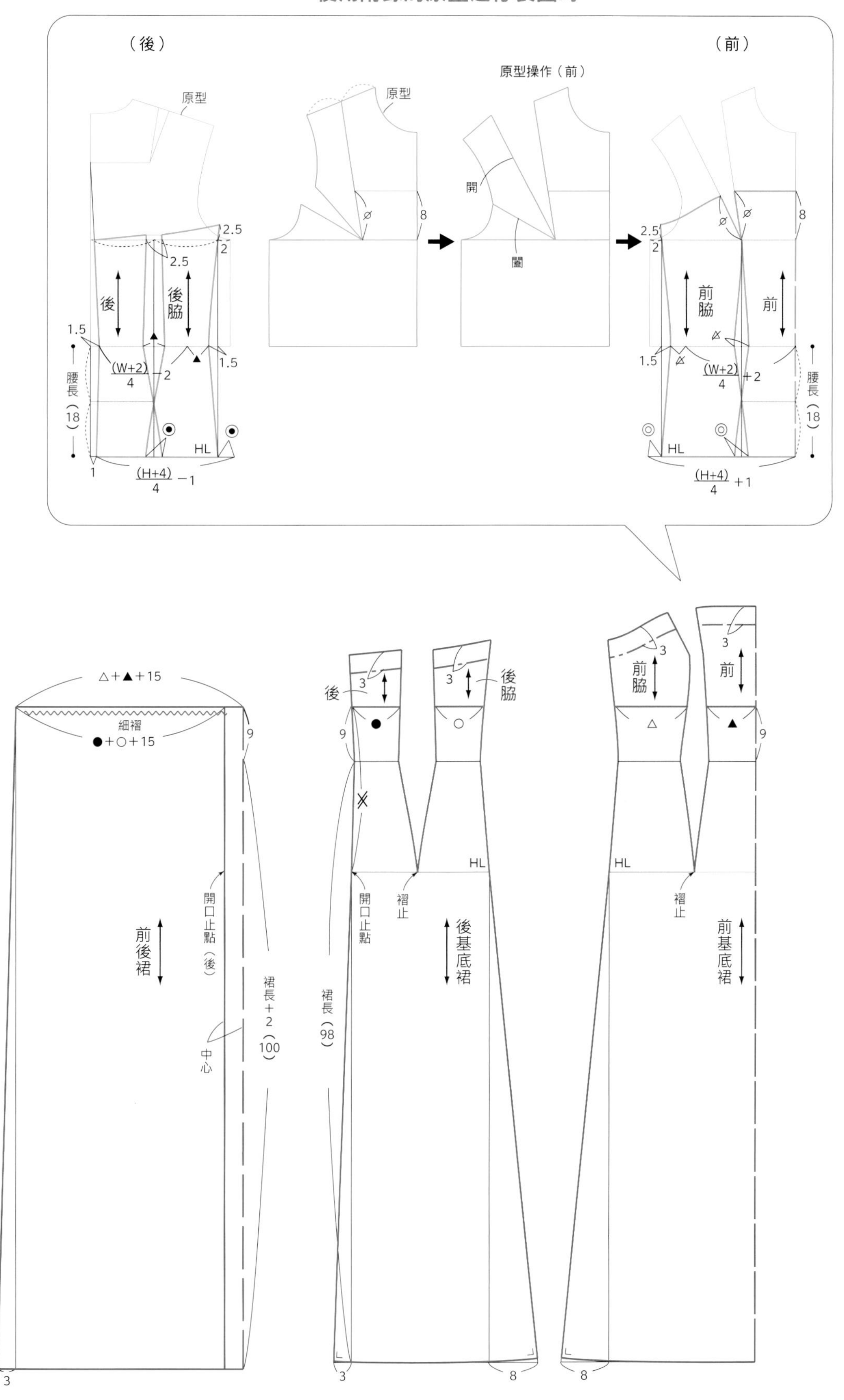

Style 2 * Empire line

應用 1

帝政線條 應用1

除了大喇叭造型的袖子之外，大量細褶抽縮而成的胸圍底部，還增加了大型的蝴蝶結緞帶，藉此增添視覺重點。

How to make ☞ p.56

紙型的操作

用來在基本平口加上袖子的肩布，就利用原型來進行製圖。胸前表布的紙型要在前片和前脇片、後片和後脇片的拼接部分增加細褶份。基底的胸前上下採用細褶抽縮的設計，所以也要增加抽縮份。另外，利用原型的袖襱，進行袖子和肩布的製圖。就設計上來說，算是裁開部位較多的複雜製圖。

基本的紙型（3、4面）

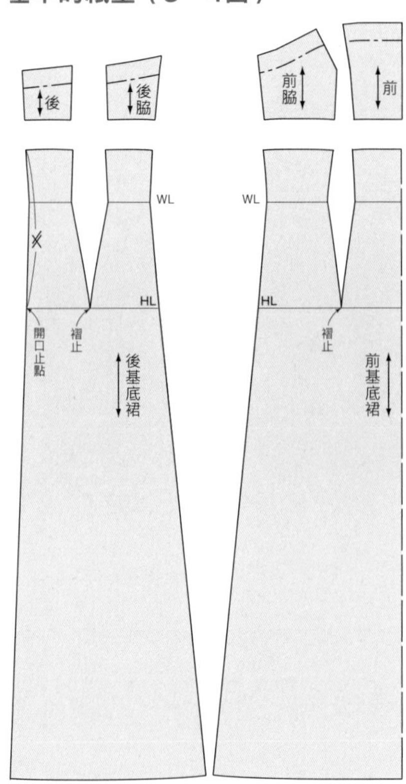

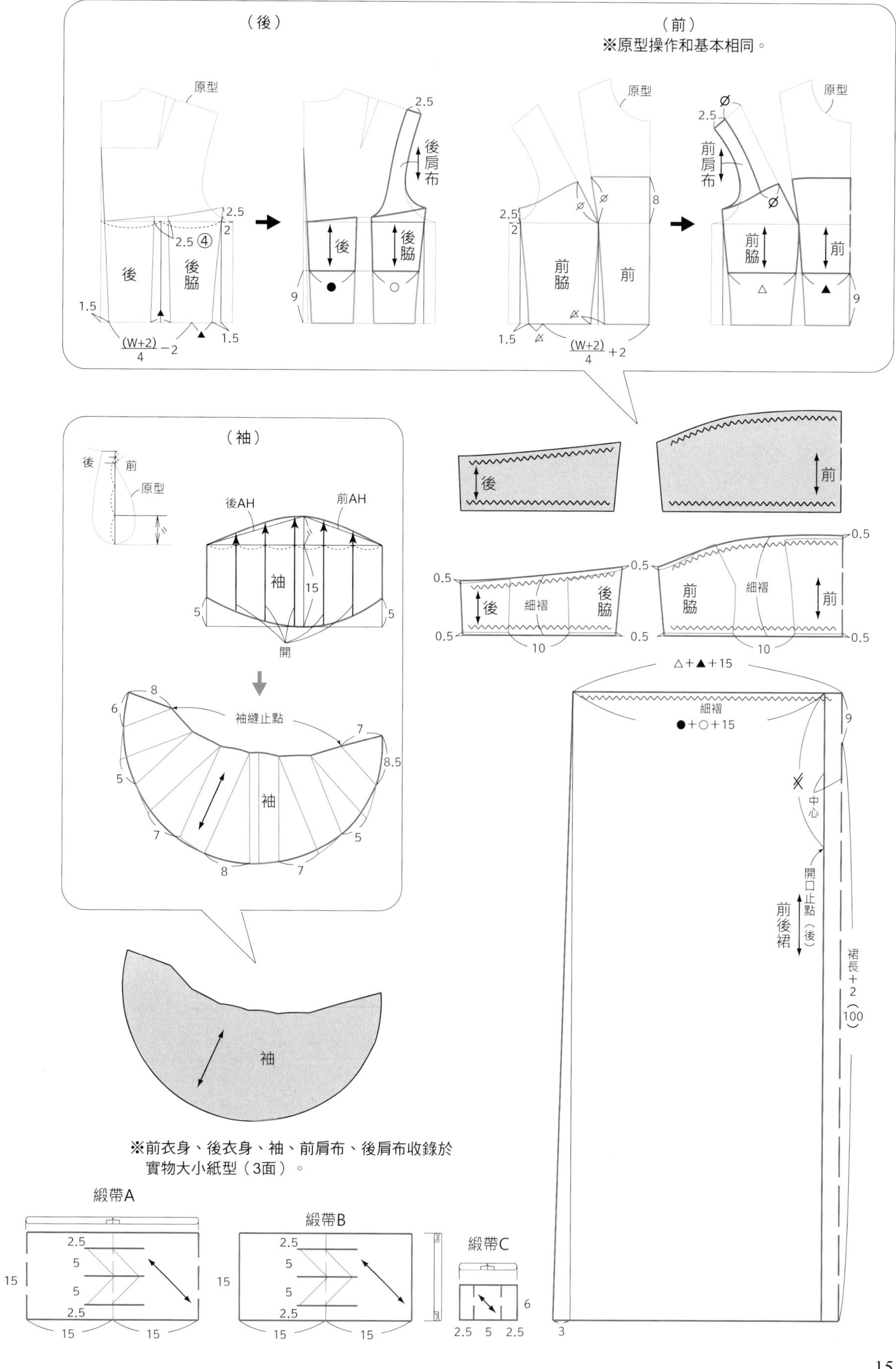

※前衣身、後衣身、袖、前肩布、後肩布收錄於實物大小紙型（3面）。

Style 2 * Empire line

應用 2

帝政線條 應用2

在肩圍和裙襬加上大量褶飾邊，強調出可愛感，同時妝點上緞帶玫瑰的豪華禮服。

How to make ☞ p.58

紙型的操作

配合接合前後衣身的拼接線的胸部部分，計算出肩布褶飾邊的接合尺寸。可是，基於穿著的容易度，穿過手臂的肩布要用鬆緊帶縮縫收邊，製作出鬆緊伸縮的效果。

基本的紙型（3、4面）

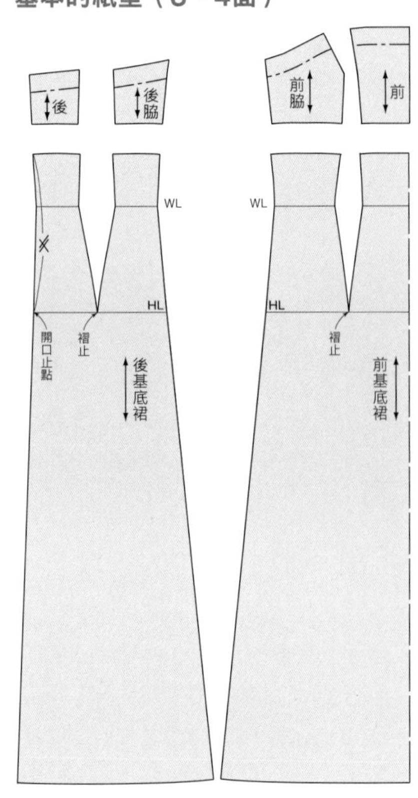

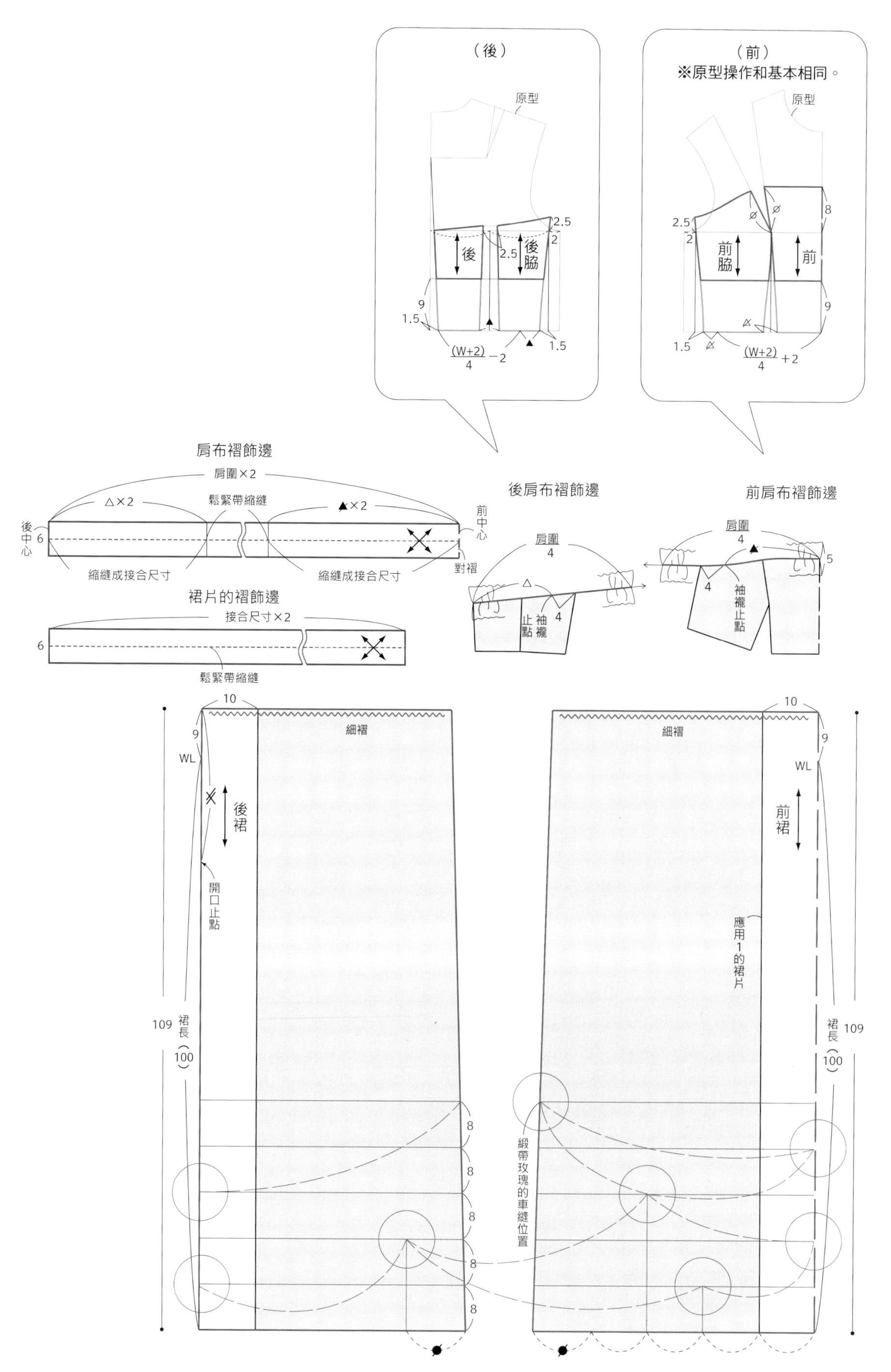

（後）
原型
2.5
2
後
2.5
後脇
9
1.5
(W+2)/4 −2
1.5
（前）
※原型操作和基本相同。
原型
8
2.5
2
前脇
前
9
1.5
(W+2)/4 +2
肩布褶飾邊
肩圍×2
△×2
鬆緊帶縮縫
▲×2
後中心
6
前中心
縮縫成接合尺寸
縮縫成接合尺寸
對褶
裙片的褶飾邊
接合尺寸×2
6
鬆緊帶縮縫
後肩布褶飾邊
肩圍
4
△
4
袖襱止點
前肩布褶飾邊
肩圍
4
▲
5
4
袖襱止點
10
9
WL
細褶
後裙
開口止點
109
裙長
（100）
8
8
8
8
8
緞帶玫瑰的車縫位置
10
細褶
9
WL
前裙
應用1的裙片
裙長
109
（100）

Style 2 * Empire line

應用 3

帝政線條 應用3

利用高腰的拼接和腰部曲線的拼接，讓衣身更顯修長。藉由流線的裙襬褶飾邊，營造出奢華的熟女形象。

How to make ☞ **p.60**

紙型的操作

在胸部的拼接加上帶狀。另外，腰部曲線的拼接和半裙的裙襬線，只要製作成從左衣身的拼接線開始連接的非對稱曲線，就可以營造出更流暢的輪廓。半裙的裙襬部分，只要裁開褶飾邊，就可以更加強調奢華感。

基本的紙型（3、4面）

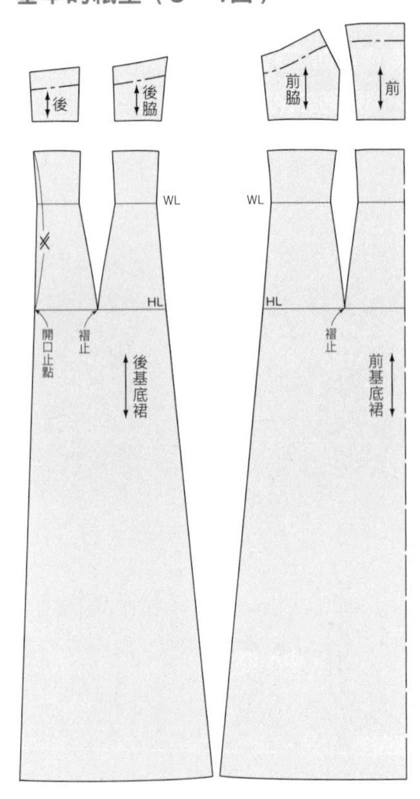

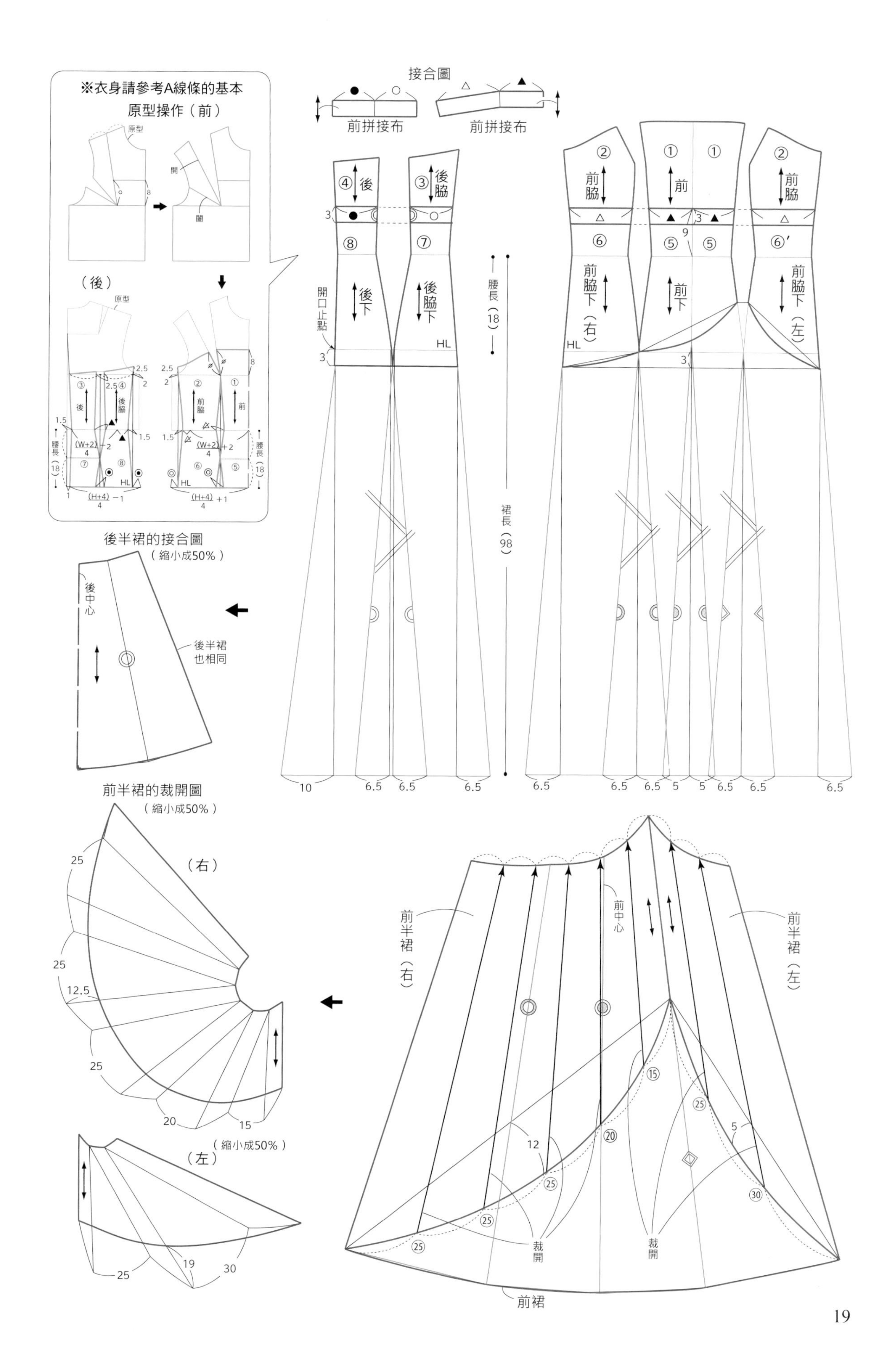

※衣身請參考A線條的基本
原型操作（前）
原型
開
闔
（後）
原型
後
後脇
前脇
前
腰長（18）
HL
接合圖
前拼接布
前拼接布
後
後脇
前
前脇
後下
後脇下
前脇下（右）
前下
前脇下（左）
開口止點
HL
腰長（18）
裙長（98）
後半裙的接合圖
（縮小成50%）
後中心
後半裙也相同
前半裙的裁開圖
（縮小成50%）
（右）
（左）
（縮小成50%）
前半裙（右）
前半裙（左）
前中心
裁開
裁開
前裙

style 3 Princess line

基本

公主線條 基本

以拼接線拼接的平口公主線條。在腰部拼接，裙片加上大量的細褶，製作出膨脹隆起的剪裁輪廓。

How to make ☞ p.62

紙型的操作

裙片部分把臀圍尺寸分成3等分，讓臀部到裙襬部分的線條交錯，平均增加裙襬的寬度，進行製圖。分成3等分的紙型分別在前後接合，前面則製成中心沒有縫接的紙型。重新繪製出對接良好的腰線。

基本的紙型（1、2面）

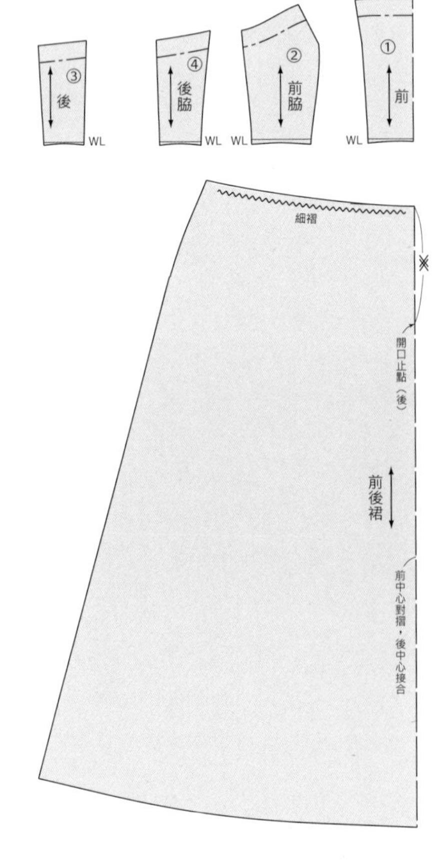

使用附錄的原型進行製圖時

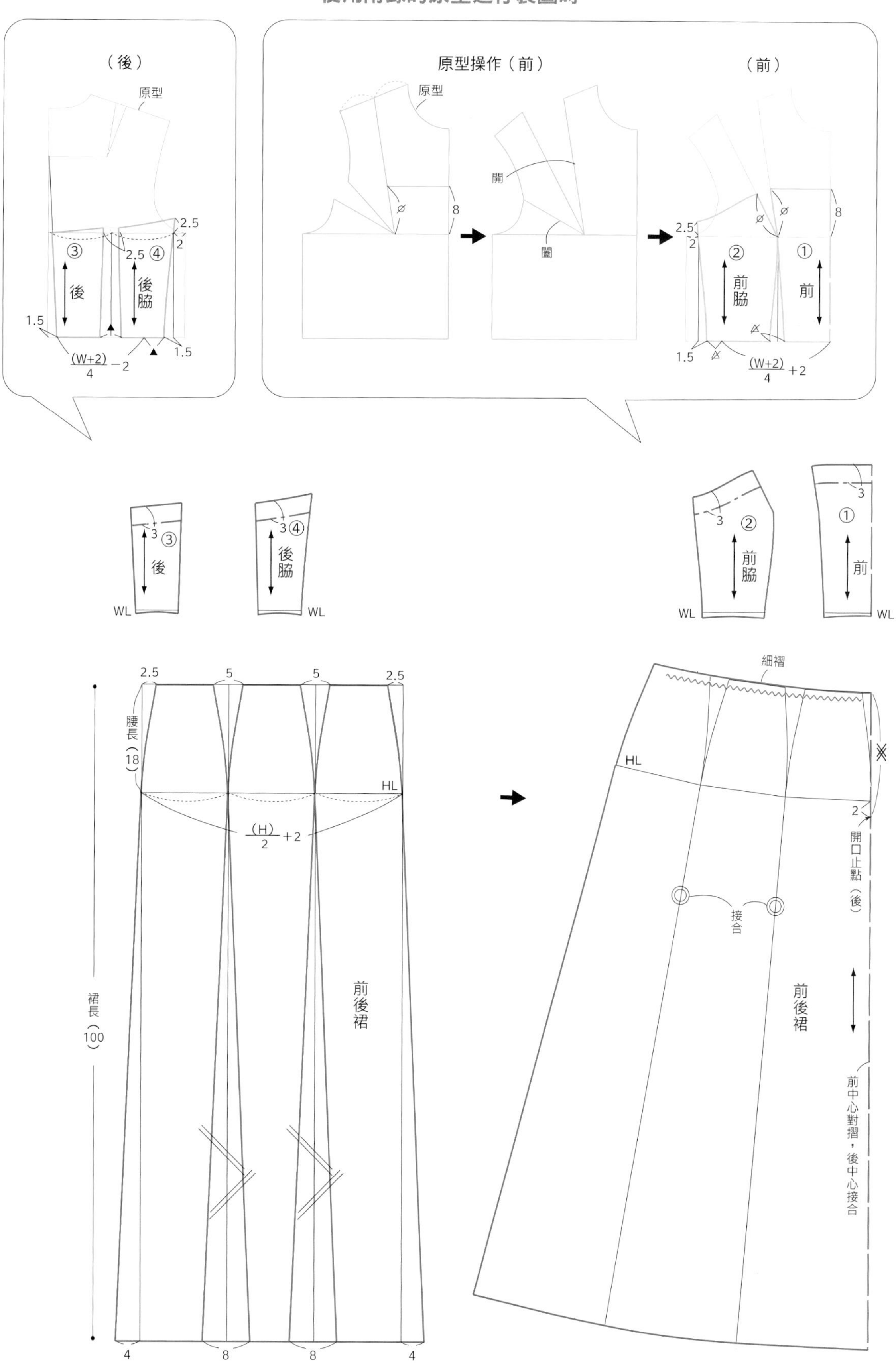

Style 3 ＊ Princess line

應用 1

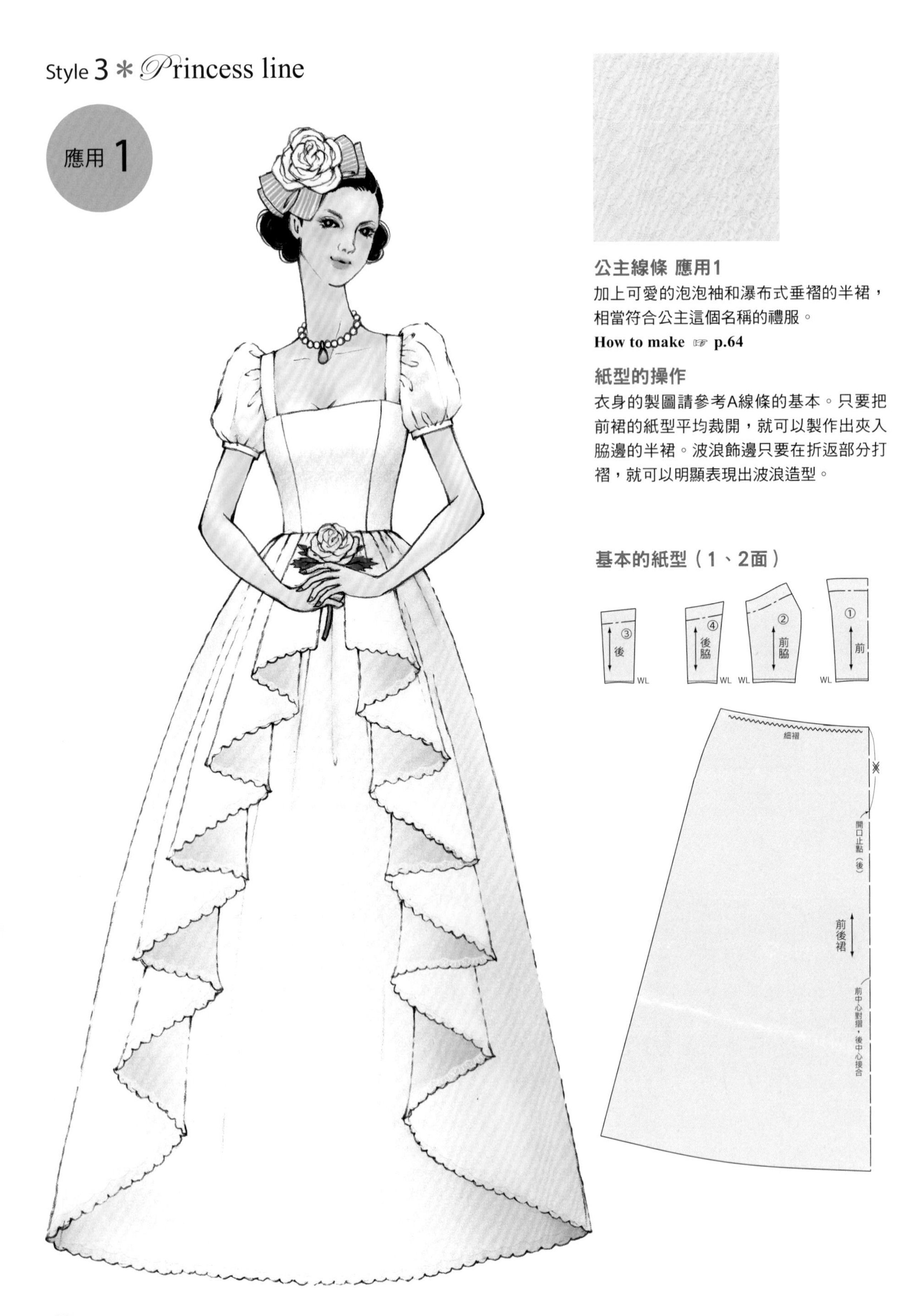

公主線條 應用1

加上可愛的泡泡袖和瀑布式垂褶的半裙，相當符合公主這個名稱的禮服。

How to make ☞ p.64

紙型的操作

衣身的製圖請參考A線條的基本。只要把前裙的紙型平均裁開，就可以製作出夾入脇邊的半裙。波浪飾邊只要在折返部分打褶，就可以明顯表現出波浪造型。

基本的紙型（1、2面）

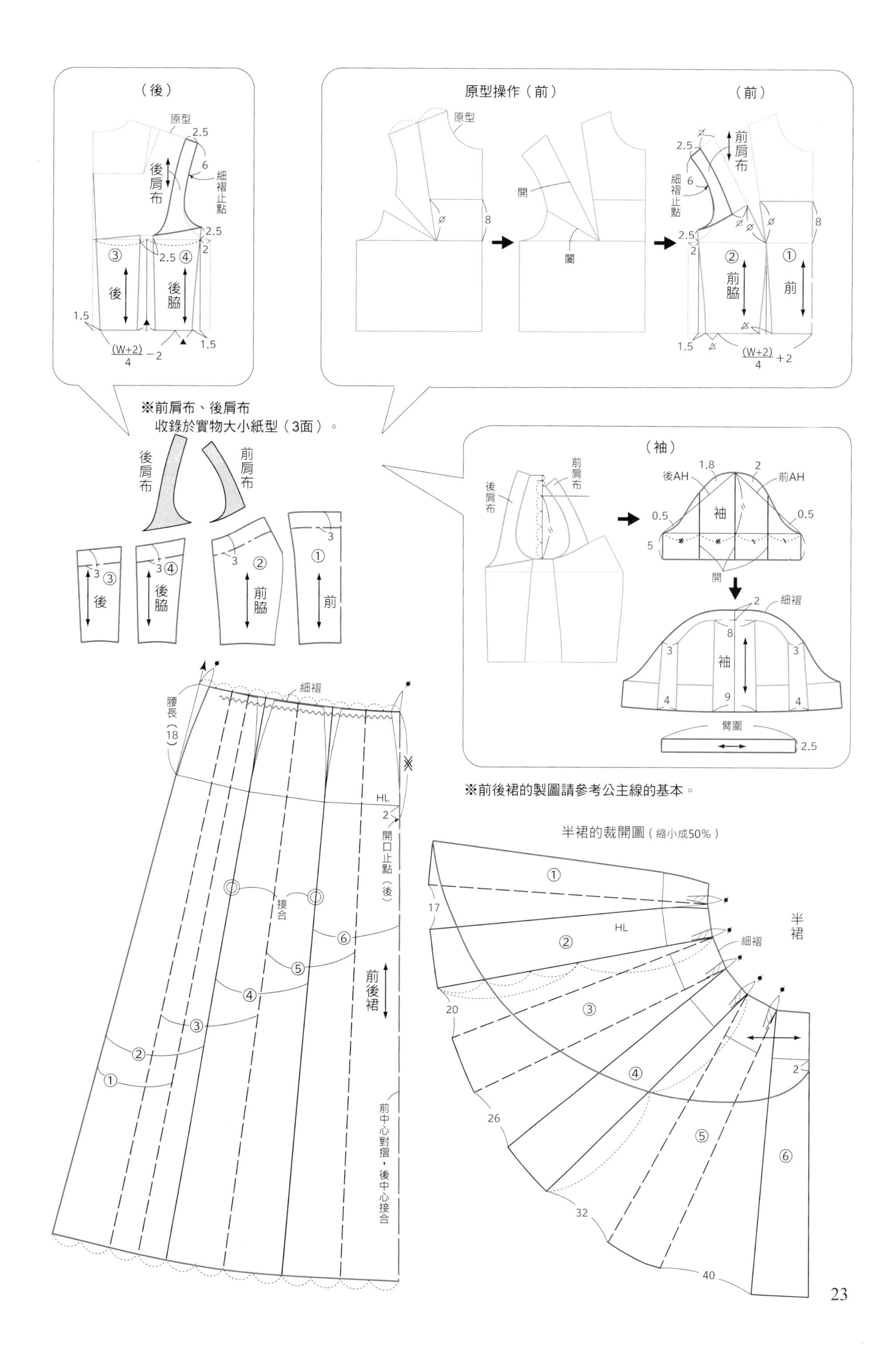
（後）
原型
2.5
6
後肩布
細褶止點
2.5
2.5
2
③
④
後
後脇
1.5
1.5
(W+2)/4 −2
原型操作（前）
原型
8
開
闔
（前）
2.5
6
前肩布
細褶止點
8
2.5
2
②
①
前脇
前
1.5
(W+2)/4 +2
※前肩布、後肩布
收錄於實物大小紙型（3面）。
後肩布
前肩布
3
3
3
3
①
②
③
④
後
後脇
前脇
前
（袖）
後肩布
前肩布
後AH
1.8
2
前AH
0.5
0.5
袖
5
開
2
細褶
8
3
3
袖
4
9
4
臂圍
2.5
細褶
腰長（18）
HL
2
開口止點（後）
接合
⑥
⑤
④
③
②
①
前後裙
前中心對摺，後中心接合
※前後裙的製圖請參考公主線的基本。
半裙的裁開圖（縮小成50%）
①
17
HL
②
細褶
半裙
③
20
④
2
26
⑤
⑥
32
40

Style 3 * Princess line

應用 2

公主線條 應用2

加上輕柔包覆肩頭和低腰拼接的設計。裙襬膨脹隆起的禮服。

How to make ☞ **p.66**

紙型的操作

利用從衣身連接肩頭的法式袖要領進行製圖。加強從後肩頭到前肩的傾斜。前後的肩線接合後，重新繪製出對接良好的線條（紙型修正）。因為是延伸到肩頭部分的製圖，所以先利用胚布等配布，進行衣身部分的假縫吧！

基本的紙型（1、2面）

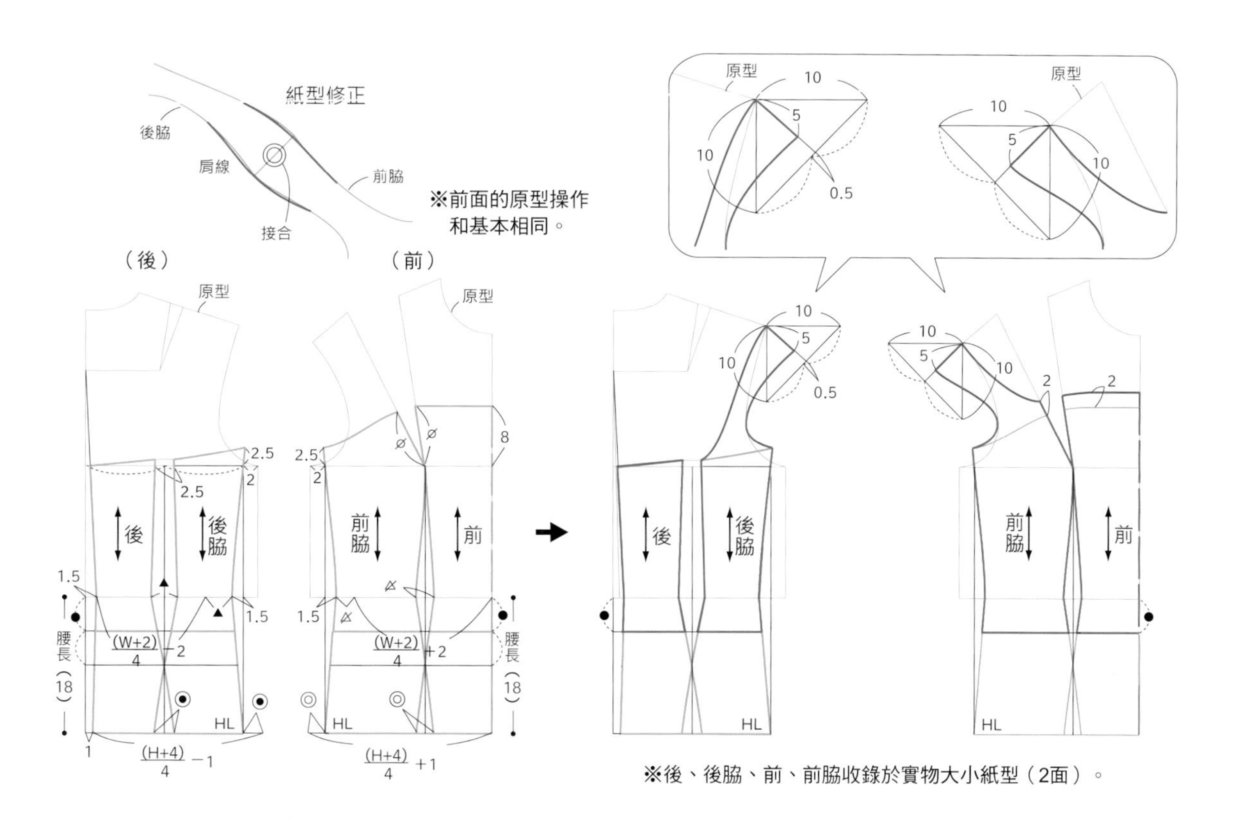
紙型修正
後脇
肩線
前脇
接合
※前面的原型操作
和基本相同。
（後）
（前）
原型
後
後脇
前脇
前
腰長（18）
HL
(W+2)/4 −2
(W+2)/4 +2
(H+4)/4 −1
(H+4)/4 +1
10
5
0.5
2.5
2
1.5
8
※後、後脇、前、前脇收錄於實物大小紙型（2面）。

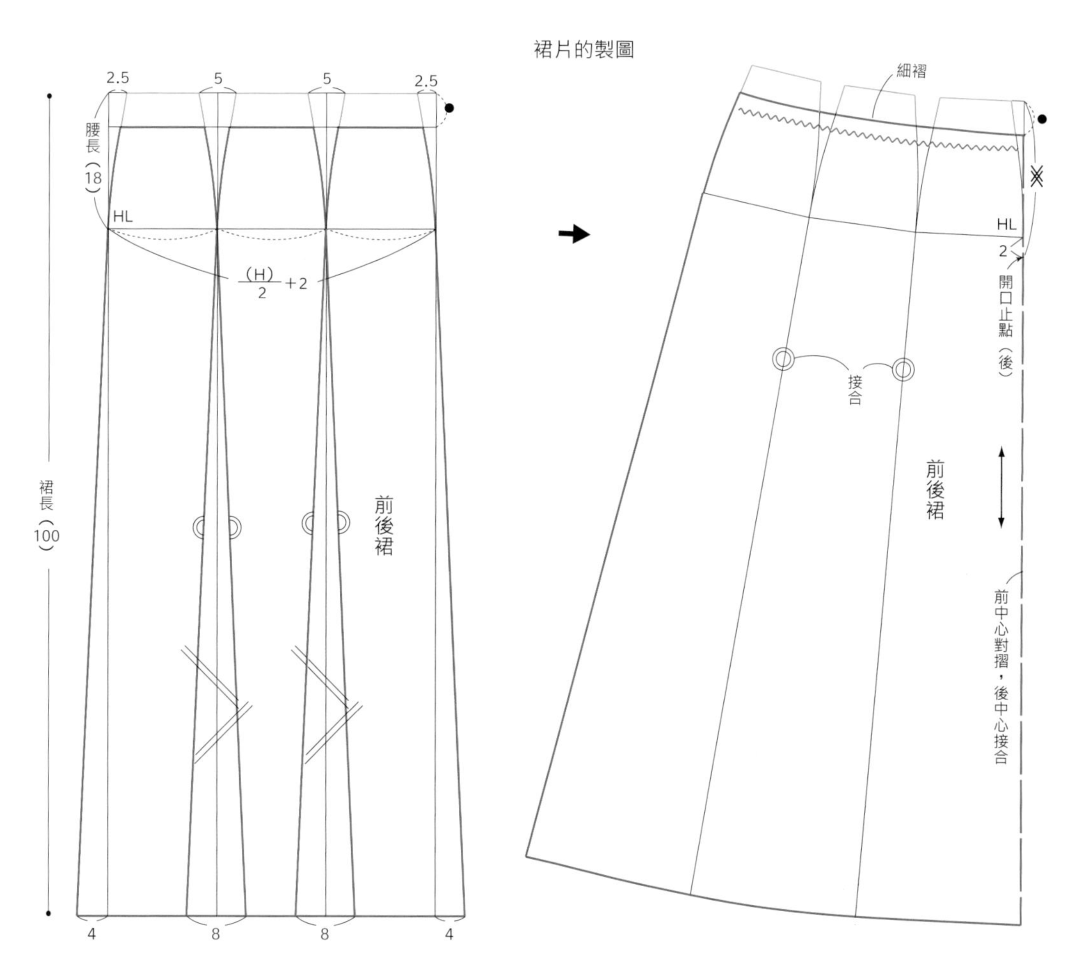
裙片的製圖
細褶
腰長（18）
HL
(H)/2 +2
裙長（100）
前後裙
2.5
5
4
8
開口止點（後）
接合
前中心對摺，後中心接合

應用 3

公主線條 應用3

宛如翅膀般的袖子和細褶裙的設計，相當適合充滿透明質感的素材。裙子的裙襬部分搭配蕾絲貼飾和針織蕾絲，增添整體的華麗感。

How to make ☞ **p.68**

紙型的操作

進行衣身和肩布的製圖。根據前後肩布的曲線計算出袖山的高度，並利用肩布的袖襱尺寸（AH），進行袖子的製圖。在袖寬和袖山兩邊增加細褶份，藉此製作出翅膀般的膨脹感。

基本的紙型（1、2面）

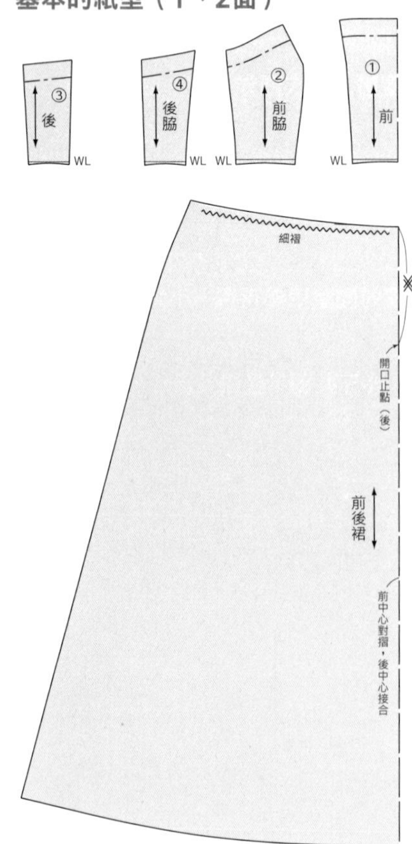

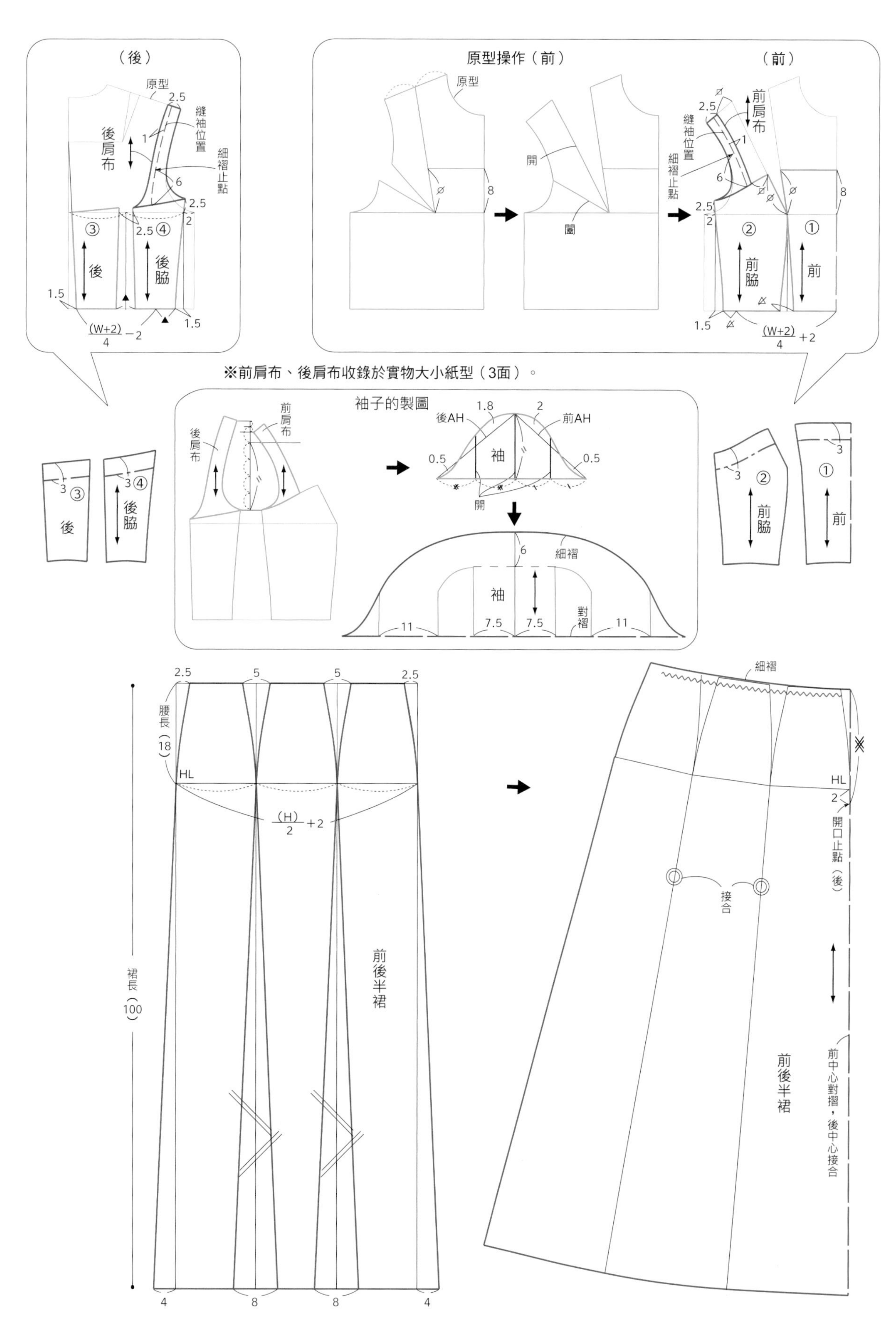

※前肩布、後肩布收錄於實物大小紙型（3面）。

style 4 Mermaid line

基本

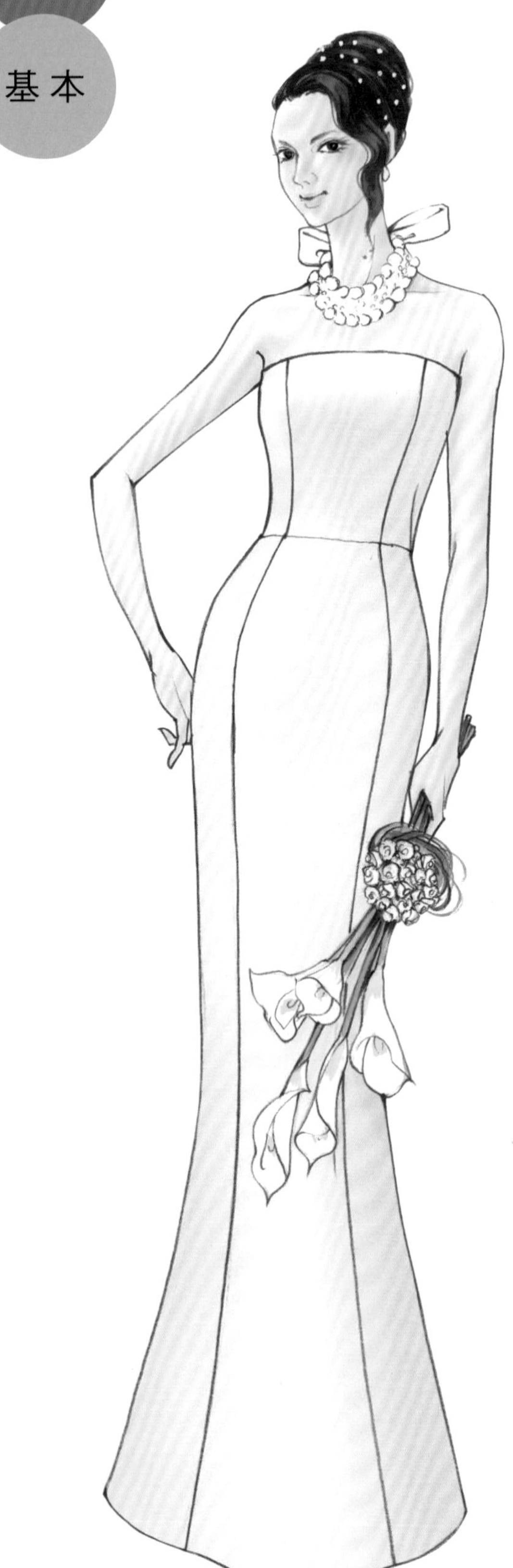

人魚線 基本

不光是平口部分，就連裙子部分也一樣從腰部開始，緊密服貼於身體，一直到膝蓋部分，膝蓋以下則是加上喇叭狀裙襬的線條。大腿部分的配置就跟衣身相同，裙片部分也要利用胚布等配布進行假縫。

How to make ☞ p.70

紙型的操作

衣身和裙片截至HL之前的部分，就和A線條的基本紙型相同。HL到裙襬部分的製圖，先畫出垂直的引導線，在膝蓋上方縮小變細，最後利用裙襬線畫出喇叭狀的線條。這個時候，縫合的裙襬線要取直角，避免產生拐角，最後再把裙襬線連接起來。

基本的紙型（1、2、3面）

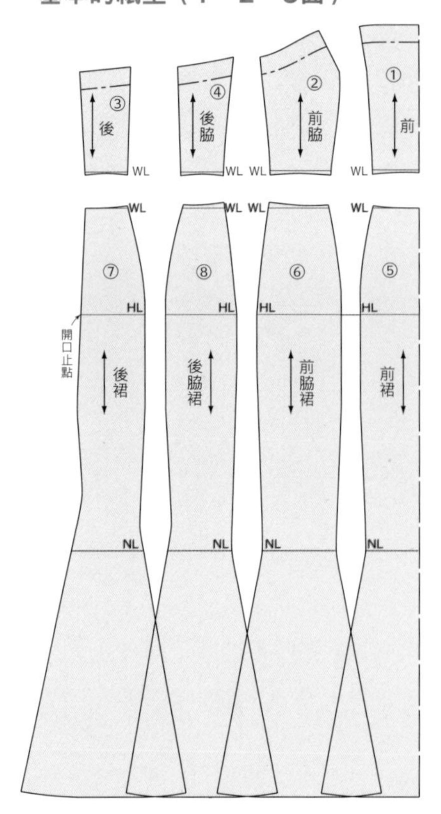

使用附錄的原型進行製圖時

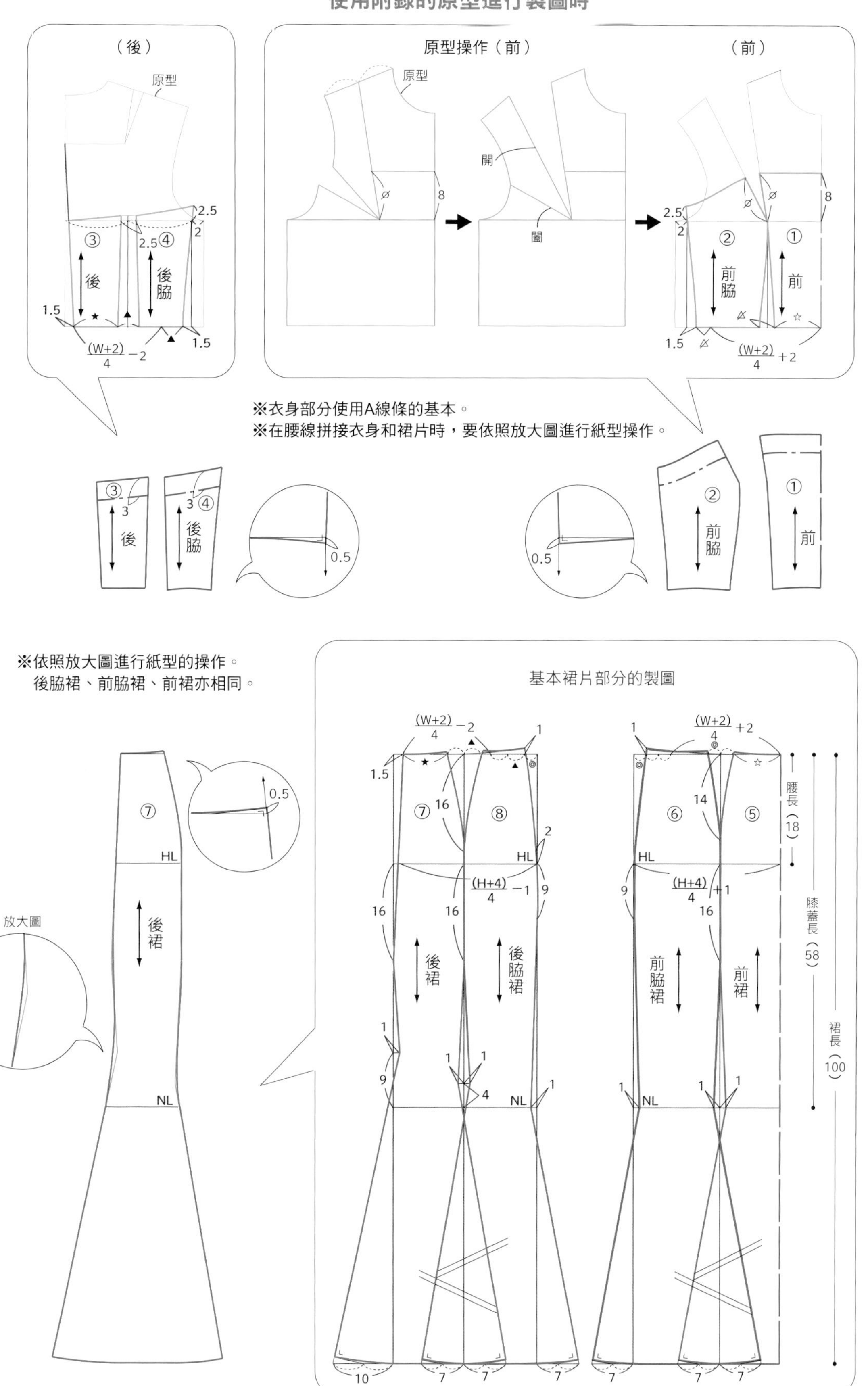

※衣身部分使用A線條的基本。
※在腰線拼接衣身和裙片時，要依照放大圖進行紙型操作。

※依照放大圖進行紙型的操作。
後脇裙、前脇裙、前裙亦相同。

Style 4 * Mermaid line

應用 1

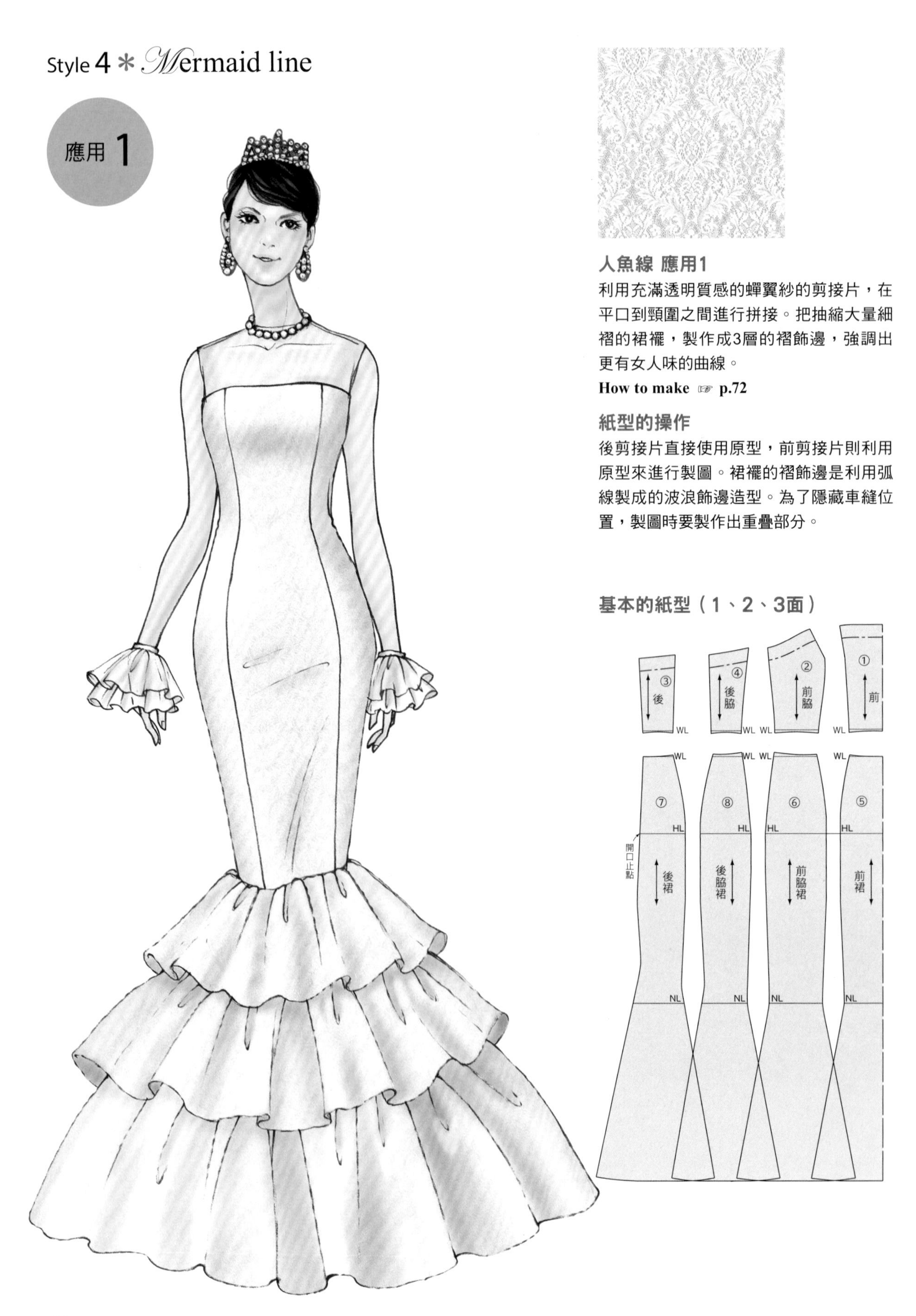

人魚線 應用1

利用充滿透明質感的蟬翼紗的剪接片，在平口到頸圍之間進行拼接。把抽縮大量細褶的裙襬，製作成3層的褶飾邊，強調出更有女人味的曲線。

How to make ☞ p.72

紙型的操作

後剪接片直接使用原型，前剪接片則利用原型來進行製圖。裙襬的褶飾邊是利用弧線製成的波浪飾邊造型。為了隱藏車縫位置，製圖時要製作出重疊部分。

基本的紙型（1、2、3面）

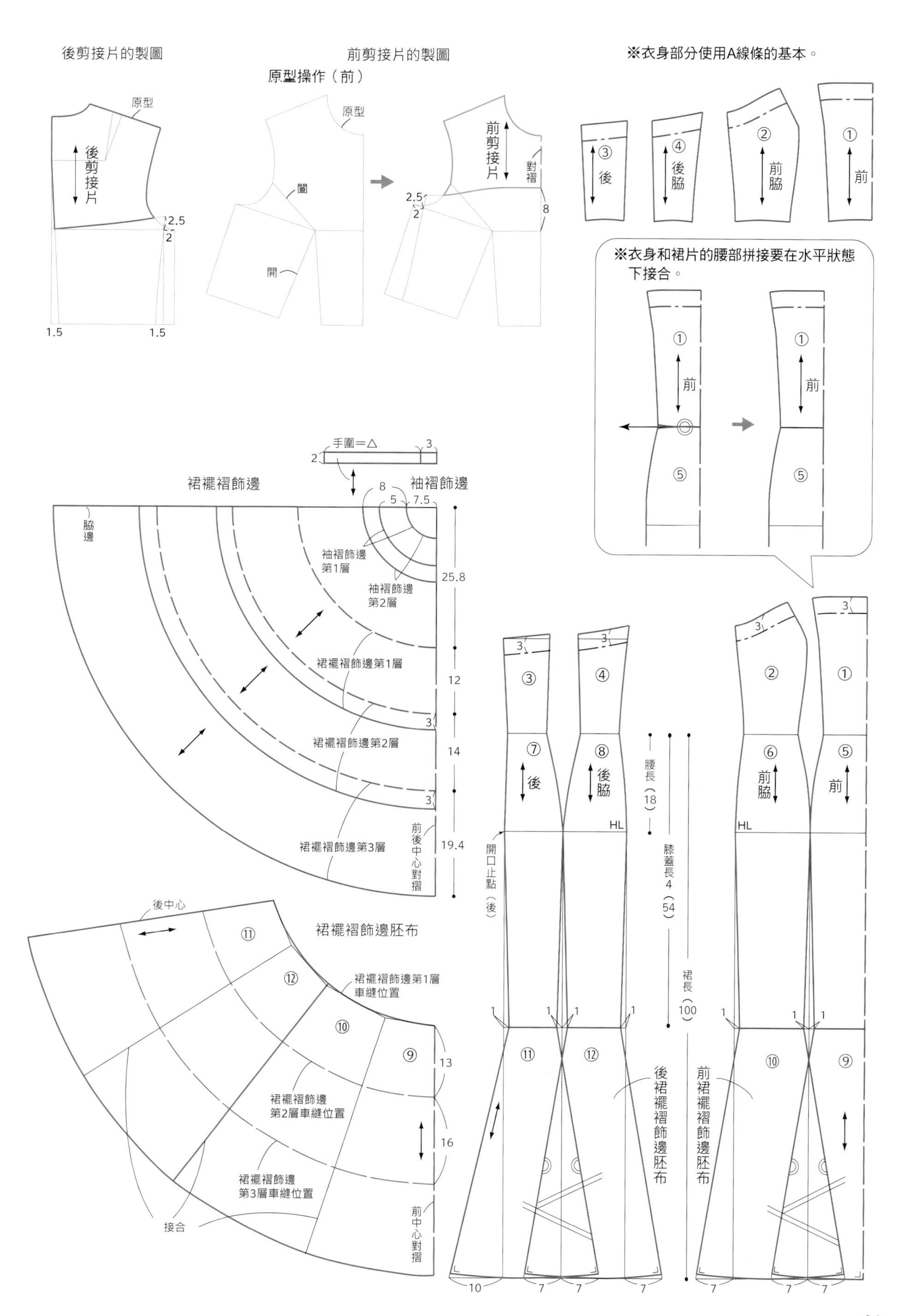
後剪接片的製圖
前剪接片的製圖
原型操作（前）
※衣身部分使用A線條的基本。
原型
後剪接片
2.5
2
1.5
1.5
闔
開
前剪接片
對褶
8
後
後脇
前脇
前
※衣身和裙片的腰部拼接要在水平狀態下接合。
手圍＝△
3
2
裙襬褶飾邊
袖褶飾邊
8
5
7.5
脇邊
袖褶飾邊第1層
袖褶飾邊第2層
25.8
裙襬褶飾邊第1層
12
裙襬褶飾邊第2層
14
裙襬褶飾邊第3層
19.4
前後中心對摺
後中心
裙襬褶飾邊胚布
裙襬褶飾邊第1層車縫位置
裙襬褶飾邊第2層車縫位置
裙襬褶飾邊第3層車縫位置
13
16
前中心對摺
接合
HL
腰長（18）
膝蓋長4（54）
裙長（100）
開口止點（後）
後裙襬褶飾邊胚布
前裙襬褶飾邊胚布
10
7

Style 4 * Mermaid line

應用 2

人魚線 應用2

在膝蓋上面簡單拼接，製作出人魚線的剪裁輪廓。在掛頸式肩帶的後領加上大型的緞帶和斗篷式的裝飾布料，藉此增添可愛感。

How to make ☞ **p.74**

紙型的操作

首先，接合A線條的衣身（基本）和人魚線的裙片（基本）。在膝蓋的位置進行拼接，裙襬褶飾邊就將中心和脇邊接合。利用原型的領口尺寸，進行領口的製圖。前剪接片從胸前連接到領口的SNP（側頸點），並剪開細褶，增加細褶份。

基本的紙型（1、2、3面）

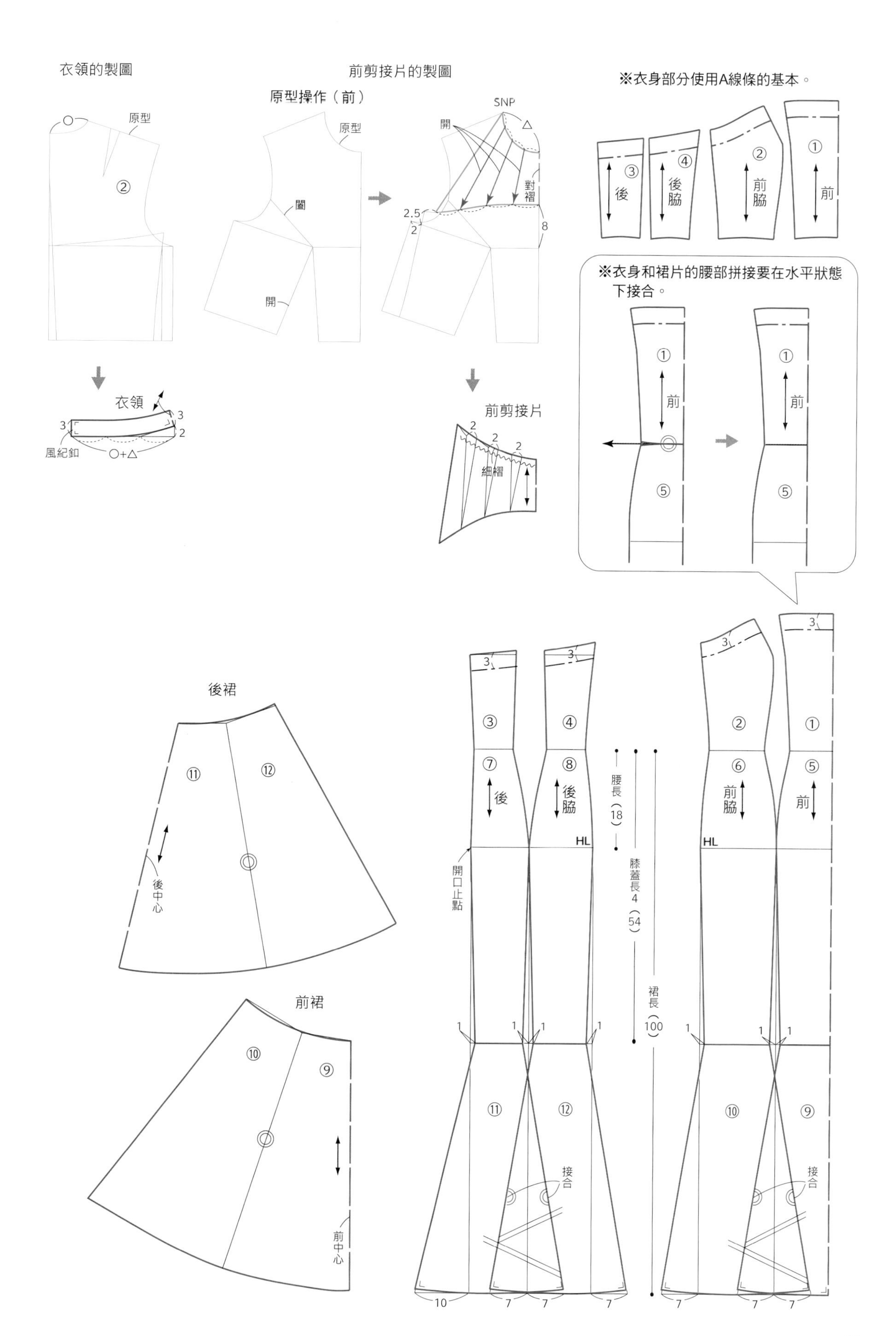
衣領的製圖
原型
②
衣領
3
3
2
風紀釦
○+△
前剪接片的製圖
原型操作（前）
原型
闔
開
SNP
開
△
對褶
2.5
2
8
前剪接片
2
2
2
細褶
※衣身部分使用A線條的基本。
③
後
④
後脇
②
前脇
①
前
※衣身和裙片的腰部拼接要在水平狀態下接合。
①
前
⑤
①
前
⑤
後裙
⑪
⑫
後中心
前裙
⑩
⑨
前中心
3
③
⑦
後
3
④
⑧
後脇
HL
開口止點
腰長（18）
膝蓋長4（54）
裙長（100）
3
②
⑥
前脇
3
①
⑤
前
HL
1
1
1
1
1
1
1
⑪
⑫
接合
⑩
⑨
接合
10
7
7
7
7
7
7

Style 4 * Mermaid line

應用 3

人魚線 應用3

人魚線輪廓，加上非對稱的裙襬褶飾邊，腳部曲線若隱若現，充滿成熟韻味的禮服。

How to make ☞ p.76

紙型的操作

接合衣身和裙片的紙型時，請參考人魚線應用1。利用原型進行肩布的製圖。前後的車縫位置和肩線要增加細褶份。利用左右的前下襬裙製作出漂亮的瀑布式垂褶。

基本的紙型（1、2、3面）

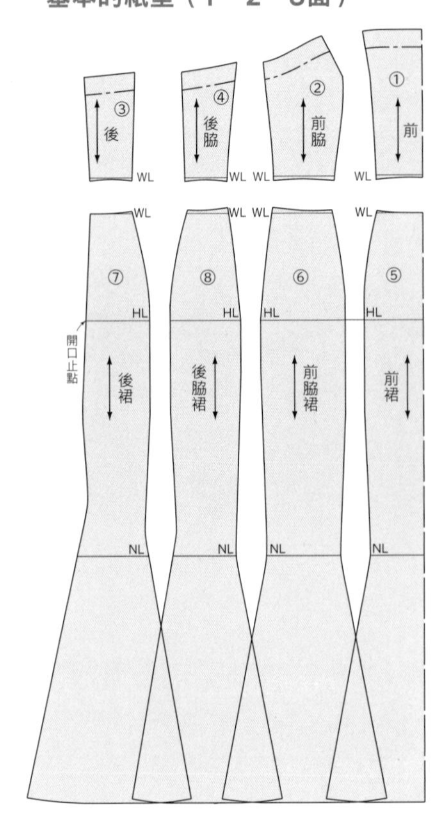

※後裙、右前裙、左前裙、肩布收錄於實物大小紙型（?面）。

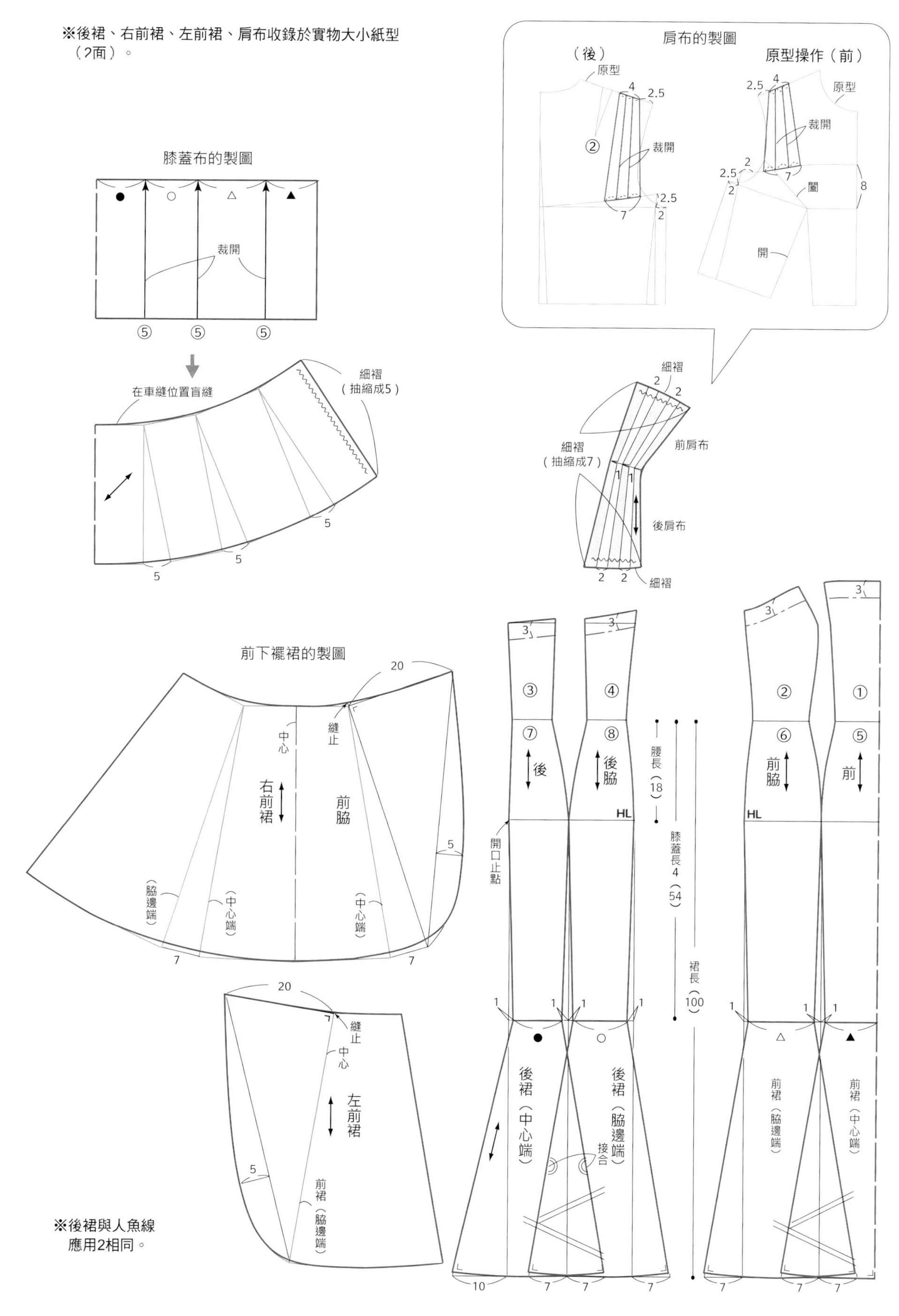

※後裙與人魚線
應用2相同。

style 5 基本

*B*ustle line

巴斯爾線條 基本

在腰部背後加上抽縮大量細褶的巴斯爾裙襯。前後衣身和裙片部分就利用人魚線的基本紙型。

How to make ☞ p.78

紙型的操作

衣身部分的原型操作和A線條的基本相同。膝蓋上面的窄縮程度和喇叭狀裙襬的細褶份，沒有人魚線那麼嚴謹。下襬的裙圍尺寸比較窄，走路的時候要多加注意。

基本的紙型（1、2、4面）

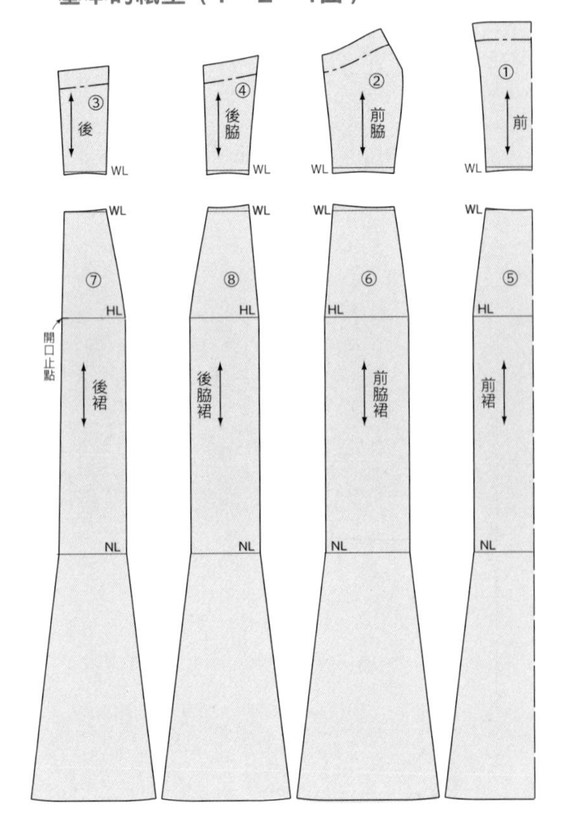

使用附錄的原型進行製圖時

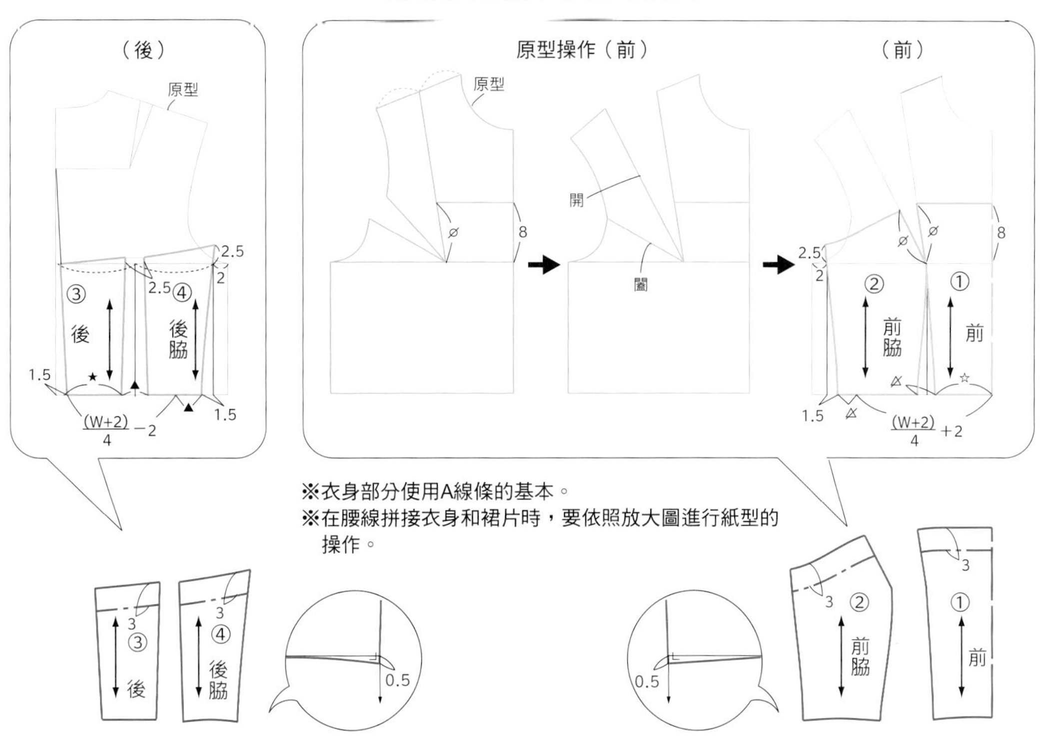

※衣身部分使用A線條的基本。
※在腰線拼接衣身和裙片時，要依照放大圖進行紙型的操作。

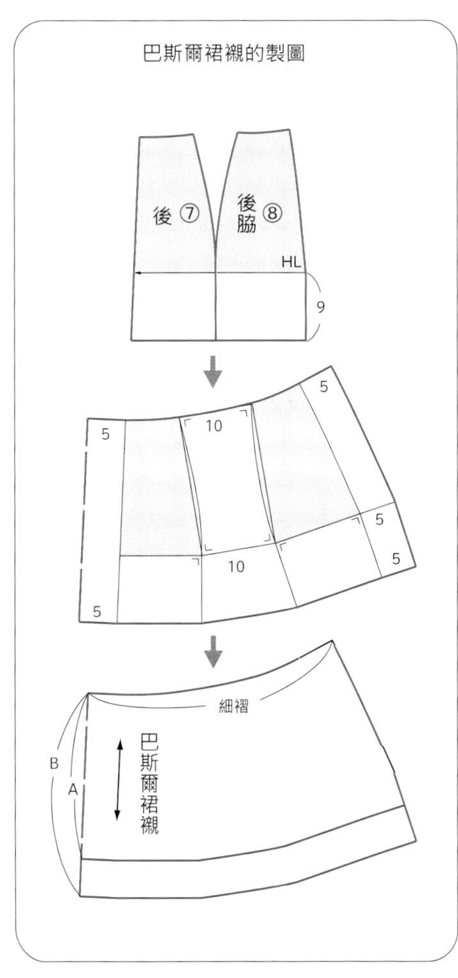

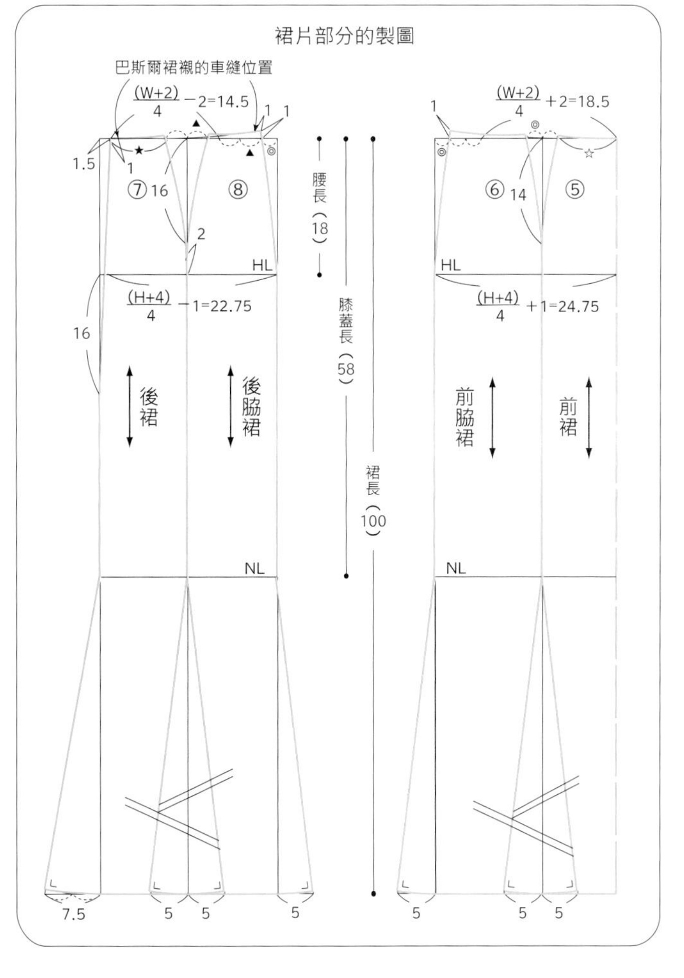

Style 5 * Bustle line

應用 1

巴斯爾線條 應用1

設計重點在於胸前的波浪褶飾邊，以及強調腰部曲線的小腰裙。可以讓腰部在視覺上更顯纖細。

How to make ☞ p.80

紙型的操作

前後褶飾邊要把衣身的紙型裁開，在外圍部分增加波浪褶飾邊。小腰裙要配合腰部拼接的車縫尺寸，以打褶的方式來進行處理，所以容易車縫，線條也比較鮮明。

基本的紙型（1、2、4面）

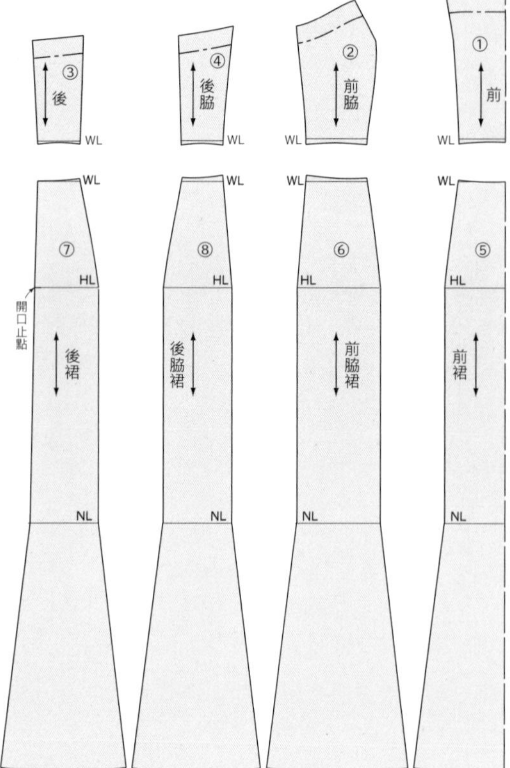

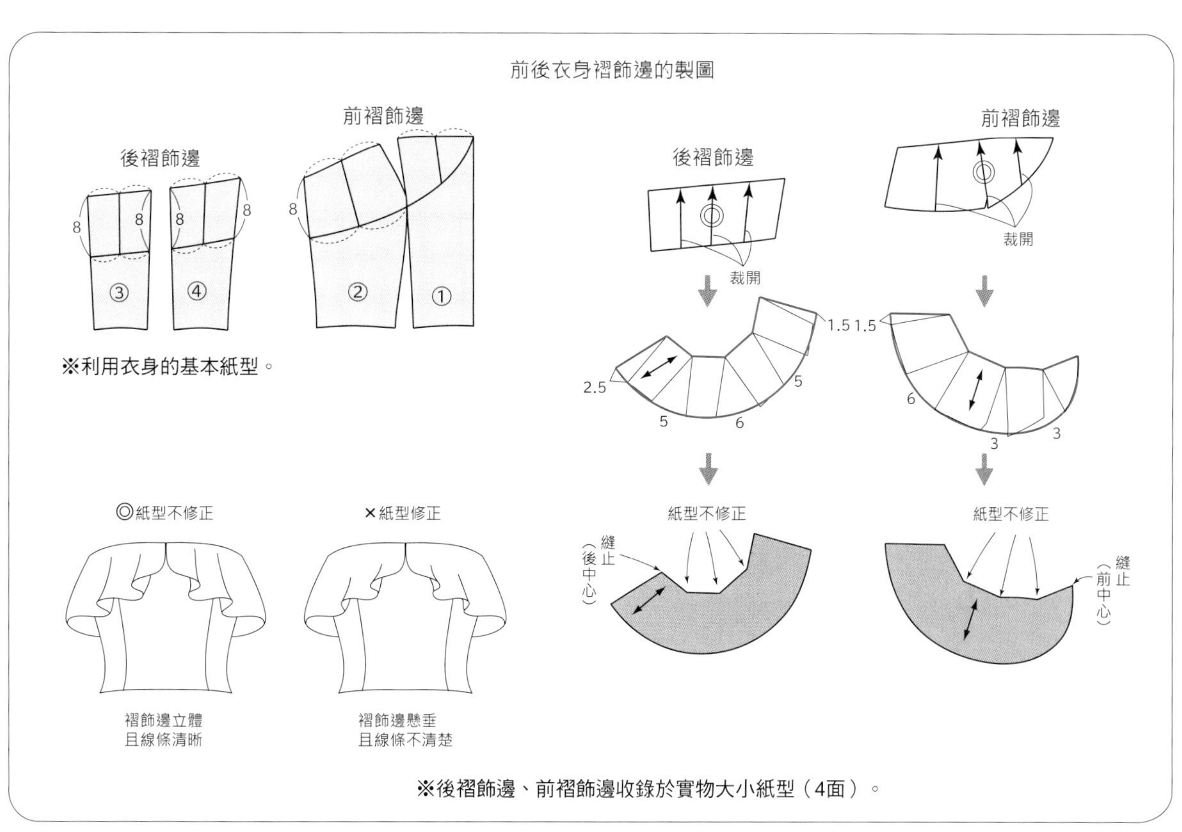

前後衣身褶飾邊的製圖
後褶飾邊
前褶飾邊
8
8
8
8
8
③
④
②
①
※利用衣身的基本紙型。
後褶飾邊
前褶飾邊
裁開
裁開
1.5
1.5
2.5
5
6
5
6
3
3
◎紙型不修正
×紙型修正
紙型不修正
紙型不修正
縫止（後中心）
縫止（前中心）
褶飾邊立體
且線條清晰
褶飾邊懸垂
且線條不清楚
※後褶飾邊、前褶飾邊收錄於實物大小紙型（4面）。

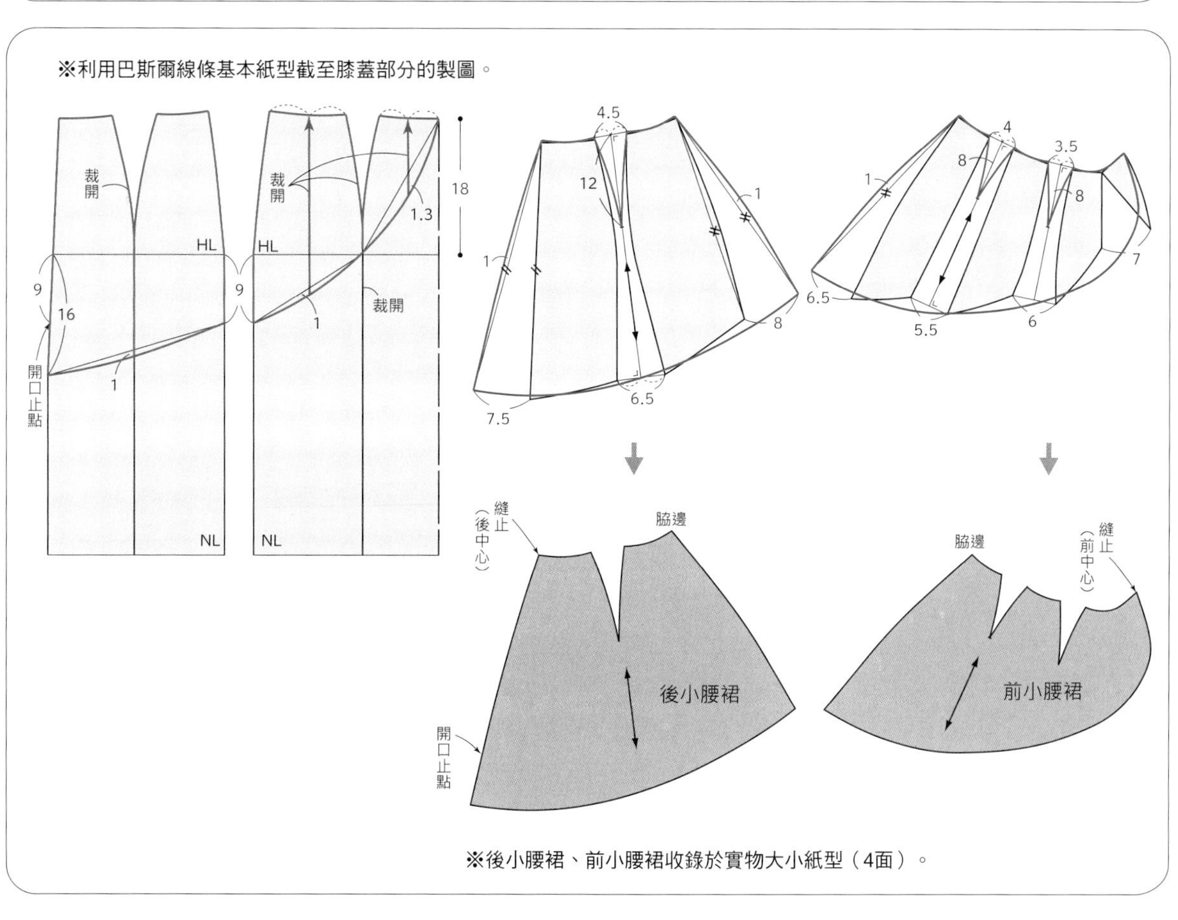

※利用巴斯爾線條基本紙型截至膝蓋部分的製圖。
裁開
裁開
HL
HL
9
16
9
18
1.3
1
1
裁開
開口止點
NL
NL
4.5
12
1
1
7.5
6.5
8
4
8
3.5
8
1
7
6.5
5.5
6
縫止（後中心）
脇邊
脇邊
縫止（前中心）
後小腰裙
前小腰裙
開口止點
※後小腰裙、前小腰裙收錄於實物大小紙型（4面）。

Style 5 * Bustle line

應用 2

巴斯爾線條 應用2

胸前採用心形平口的線條，領口用透明的蟬翼紗覆蓋到頸部，在略帶神祕性感的同時，又能增添潔白形象。

How to make ☞ p.82

紙型的操作

裙襯的飾布就利用裙片的紙型來製作。使用配布增加裙襯的份量，利用傾斜的剪裁輪廓做出流線效果。

基本的紙型（1、2、4面）

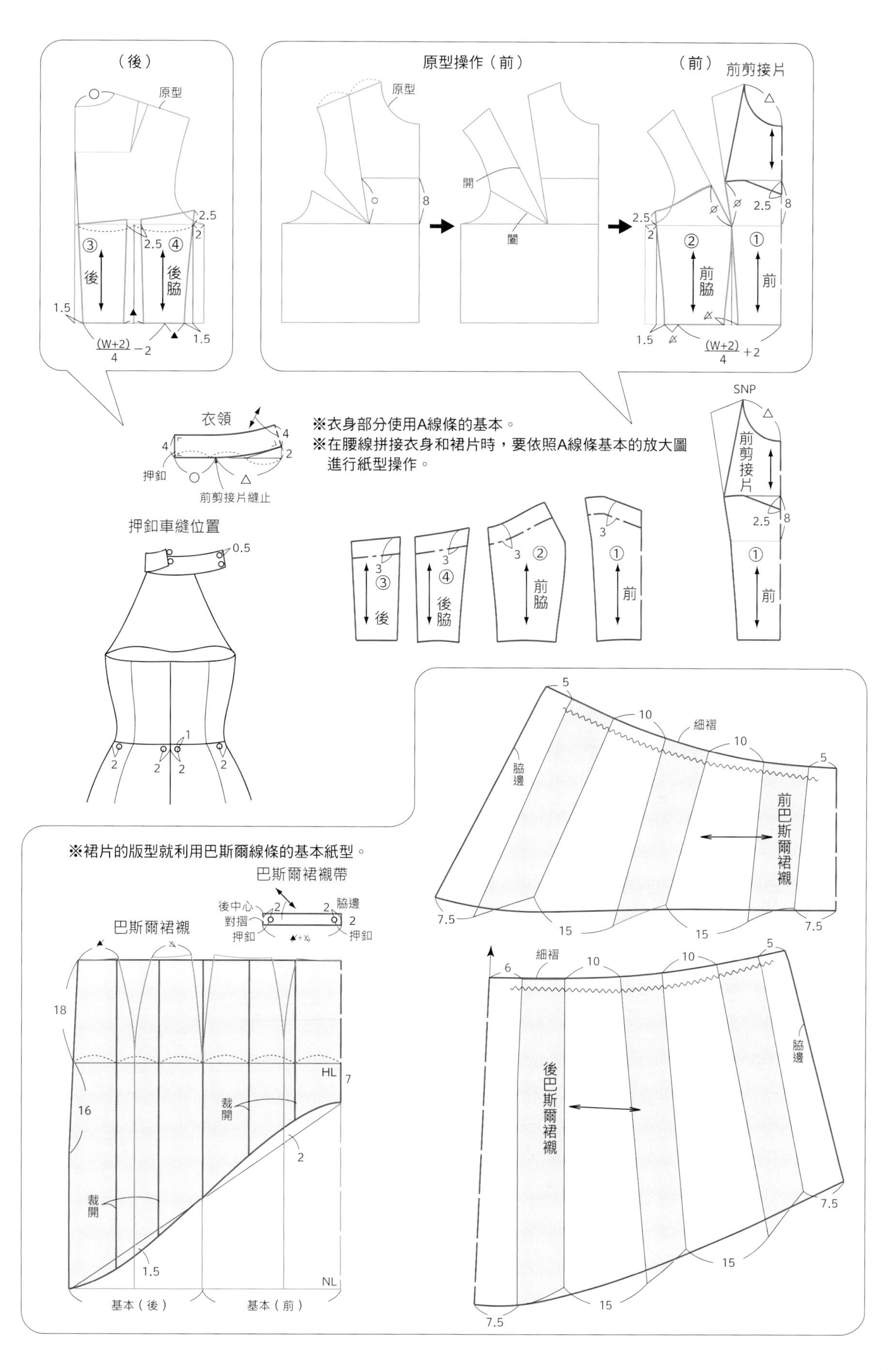

（後）
原型
後
後脇
原型操作（前）
開
闔
（前）
前剪接片
前脇
前
衣領
押釦
前剪接片縫止
※衣身部分使用A線條的基本。
※在腰線拼接衣身和裙片時，要依照A線條基本的放大圖進行紙型操作。
SNP
押釦車縫位置
細褶
脇邊
前巴斯爾裙襯
※裙片的版型就利用巴斯爾線條的基本紙型。
巴斯爾裙襯帶
後中心
對摺
巴斯爾裙襯
裁開
HL
NL
基本（後）
基本（前）
後巴斯爾裙襯

Style 5 ＊ Bustle line

應用 3

巴斯爾線條 應用3

在胸部和腰部加上向外擴展的飾布，強調腰部曲線的剪裁輪廓。巧妙運用扇形蕾絲造型的設計。

How to make ☞ p.84

紙型的操作

直接利用巴斯爾線條應用2中，加在腰部後方的飾布，把細褶分散在低腰拼接位置的車縫尺寸之間。

基本的紙型（1、2、4面）

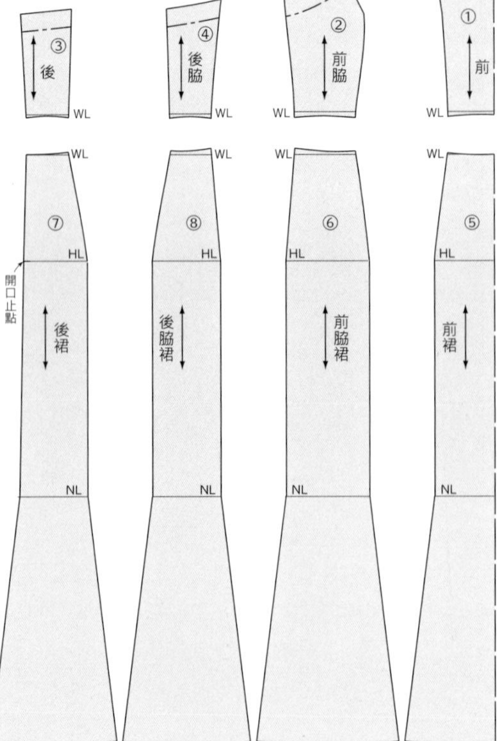

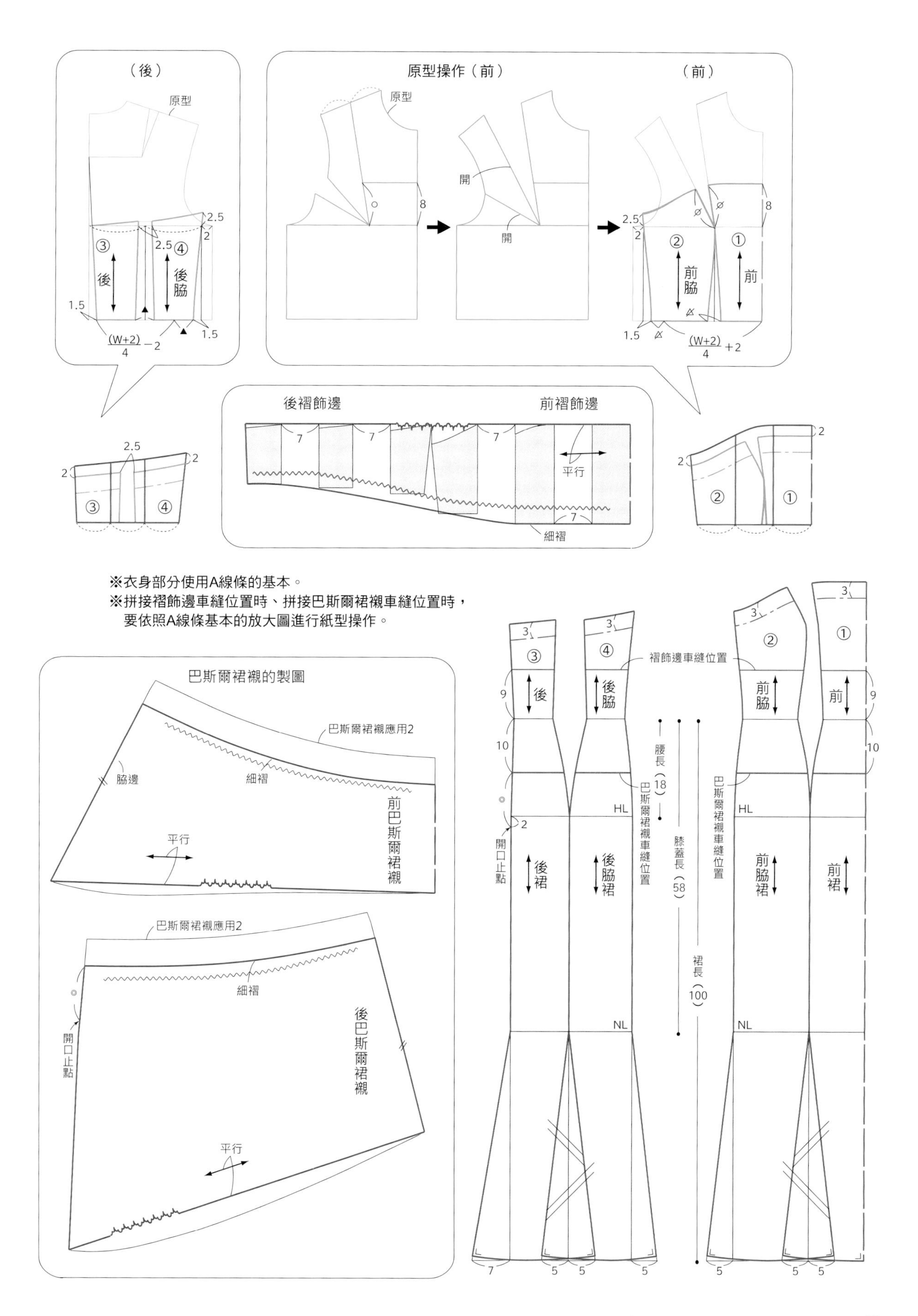
（後）
原型
原型操作（前）
開
（前）
前
前脇
後
後脇
(W+2)/4 −2
(W+2)/4 +2
後褶飾邊
前褶飾邊
平行
細褶
※衣身部分使用A線條的基本。
※拼接褶飾邊車縫位置時、拼接巴斯爾裙襯車縫位置時，
要依照A線條基本的放大圖進行紙型操作。
巴斯爾裙襯的製圖
巴斯爾裙襯應用2
脇邊
前巴斯爾裙襯
後巴斯爾裙襯
開口止點
褶飾邊車縫位置
腰長（18）
膝蓋長（58）
裙長（100）
巴斯爾裙襯車縫位置
HL
NL
後裙
後脇裙
前脇裙
前裙

How to make

實物大小紙型的使用方法與作品的製作方法

本書『從5種版型學會做20款婚紗＆禮服』是利用插圖方式，
介紹5種基本設計，以及2種婚紗與1種禮服的應用變化，共計20種設計的工具書。
12種基本設計包含了S、M、ML、L的尺寸，其展開的實物大小紙型就刊載於附錄。

尺寸測量

穿上婚禮當天準備穿的內衣進行測量吧！

請準備穿著婚紗或禮服時準備穿的內衣。因為各測量部位的尺寸可能因內衣而產生變化。另外，鞋跟高度也會使裙長改變。這次製圖用的裙長（100cm）是以160cm的人穿上10cm的鞋跟作為假定對象標準。

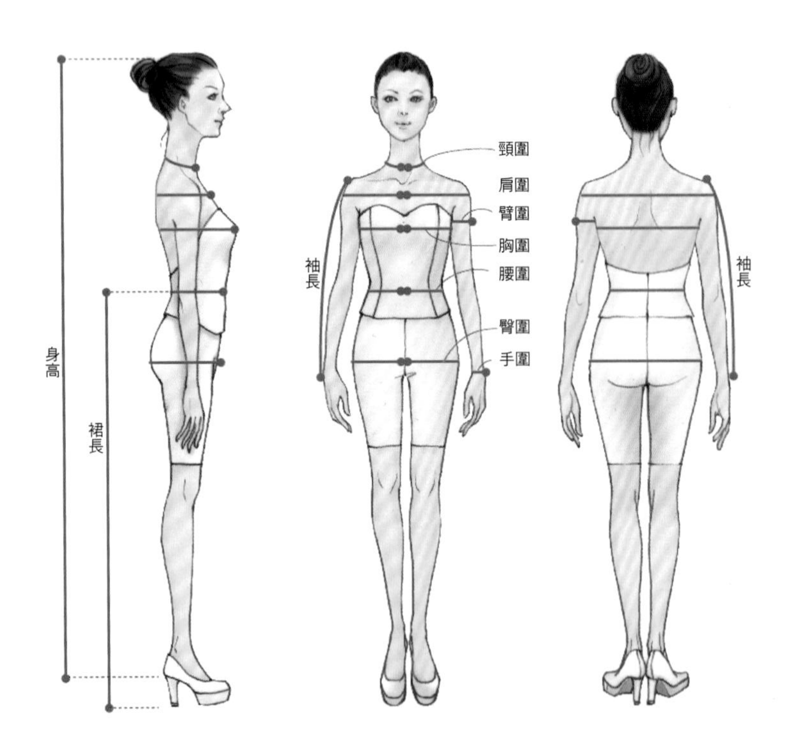

- **身高**…在穿鞋之前的裸足狀態下，站立在牆壁或柱子等垂直面的附近，在這個狀態下，把三角尺等測量工具平貼在頭頂部，在垂直面標上記號，測量地面至記號之間的距離。
- **肩圍**…在放下手臂的狀態下，利用與地板呈水平的方式，測量雙肩的上方外圍。
- **胸圍**…像是穿過胸部最高頂點那樣，環繞胸部一圈，測量時要注意不要讓背後的布尺滑落。
- **腰圍**…以肚臍為基準點，水平環繞一圈的尺寸。
- **臀圍**…水平環繞一圈，測量臀部最寬的部分。腹部或大腿比較鬆弛的人，要稍微放寬尺寸。
- **袖長**…從肩膀最凸出的骨頭（肩點）開始到手腕之間的尺寸。
- **臂圍**…環繞手臂根部一圈的尺寸。

※製圖時，會因設計的不同，而需要頸圍、肩圍、臂圍、手圍的尺寸。

紙型尺寸的挑選方法

選擇紙型尺寸時，請先選擇欲製作的設計。
A線條、人魚線、巴斯爾線條屬於胸圍、腰圍、臀圍比較貼身的設計，
所以請根據個人尺寸當中的最大數值選擇紙型尺寸。
帝政線條採用裙子部分比較寬鬆的設計，所以就以胸圍尺寸作為紙型尺寸選擇的標準。

尺寸表（裸身尺寸）

（單位：cm）

名稱＼尺寸	身高	胸圍	腰圍	臀圍	腰長	膝蓋長	裙長
S	156	79	60	86	17.8	57	98.5
M	160	83	64	90	18	58	100
ML	164	87	68	94	18.2	59	101.5
L	168	91	72	98	18.4	60	103

實物大小紙型的使用方法

1. 選擇設計

從20種款式的插圖中，選擇欲製作的設計。

2. 描繪紙型

●選擇基本設計時

從實物大小的S、M、ML、L中，把符合個人尺寸的紙型描繪在牛皮紙等其它紙張上。
這個時候，請不要忘記描繪貼邊線及拼合記號。

3. 紙型的操作

●選擇基本設計以外的應用1、應用2的婚紗、應用3的禮服時

①首先，在其它紙張上描繪款式基本設計的實物大小紙型。
②使用步驟①描繪的基本紙型線，剪裁選擇的設計紙型。
紙型的操作方法可參考各設計插圖旁的說明。

□ 基本設計紙型

■ 應用設計紙型中，隨附的實物大小紙型

—— 應用設計紙型的操作線和完成線

這時候的尺寸不是標準尺寸，大多都是採用等分線，
主要是為了避免因各尺寸而造成不平均。
完成線剪裁完成後，要畫出貼邊線及拼合記號，
衣袖褶飾邊縫止等全新的拼合記號，請別忘了先測量尺寸後再做記號。
衣長及袖長請在紙型完成之後，平行增減下襬線、袖口線。

4. 完成紙型

貼邊等相互重疊的紙型，要各別描繪在牛皮紙等其它紙張上。
這個時候，有打褶等接合指示的部分，要一邊接合描繪。
接合部分要修正成對接良好的線。此外，前後的肩部、脇邊等，
請將各自的紙型縫線對接，並修正成對接良好的線，藉此完成紙型。

材料與裁片配置圖

材料以一般布寬（110cm寬、120cm寬）進行估算。
依設計及紙型形狀的不同，有時需要寬幅（150cm寬、160cm寬）或90cm窄幅的布料。
裁片配置圖是以M尺寸的紙型配置而成。
紙型尺寸、布寬不同，或衣長與袖長有所調整的時候，布長也會有所改變，請多加注意。

Style 1 A線條

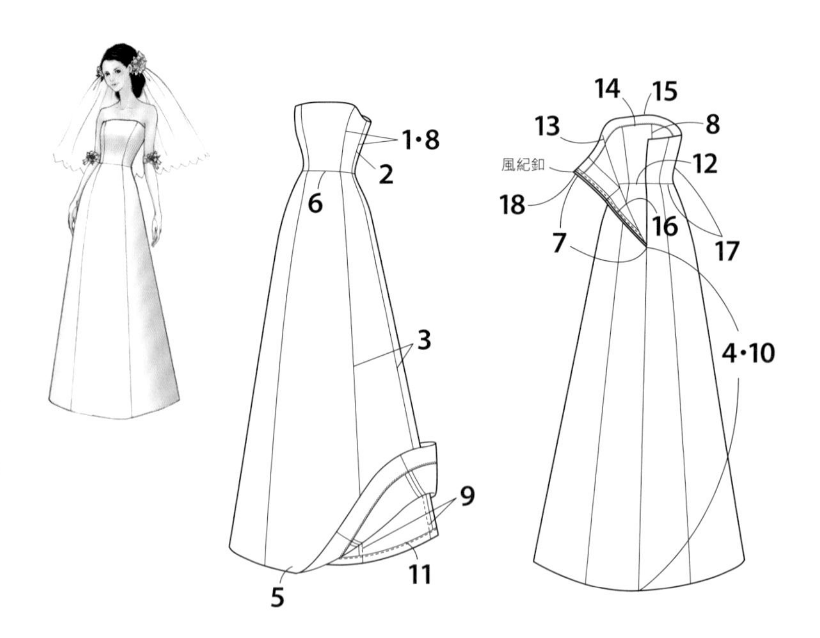

●材料

表布＝150cm寬

（S、M）2m30cm、（ML、L）2m50cm

裏布＝120cm寬

（S、M）2m40cm、（ML、L）2m60cm

布襯＝90cm寬

（S、M）60cm、（ML、L）70cm

隱形拉鍊＝56cm1條

沙丁緞帶＝1.2cm寬1m

魚骨＝0.8cm寬1m

風紀釦＝1組

●準備

在後片、後脇片、前脇片、前片、後貼邊、前貼邊貼上布襯。

※M是「拷克（車布邊）」的簡稱。

●縫法順序

1 車縫表衣身的拼接線和脇邊。燙開縫份。

2 把沙丁緞帶車縫在脇邊縫份上面，穿過魚骨。

3 車縫表裙片的拼接線和脇邊。燙開縫份。

4 從表裙片後中心的開口止點開始車縫至下襬，並燙開縫份。

5 表裙片的下襬加上M，盲縫成雙摺邊。

6 車縫表衣身和表裙片的腰線。燙開縫份。

7 車縫隱形拉鍊。

8 裏衣身的拼接線和脇邊熨燙活褶後，車縫。拼接線的縫份倒向中心，脇邊則倒向後側。

9 裏裙片的拼接線和脇邊熨燙活褶後，車縫。拼接線的縫份倒向中心，脇邊則倒向後側。

10 裏裙片後中心的開口止點到下襬部份熨燙活褶後，車縫。縫份倒向右側。

11 裏裙片的下襬用2cm的三摺邊收邊。

12 車縫裏衣身和裏裙片的腰線。縫份倒向裙片端。

13 車縫貼邊的脇邊。燙開縫份。

14 車縫貼邊和裏衣身。縫份倒向衣身端。

15 倒針縫表衣身和貼邊。

16 把裏布盲縫在拉鍊布帶上面。

17 在腰線和脇邊縫合表裙片和裏裙片。

18 把風紀釦縫在頂端。

裁片配置圖（表布）

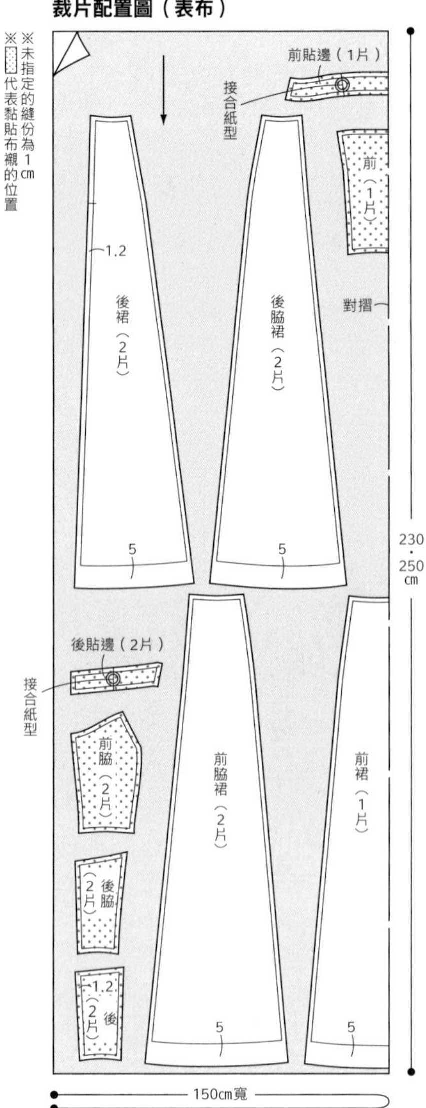

2 穿魚骨

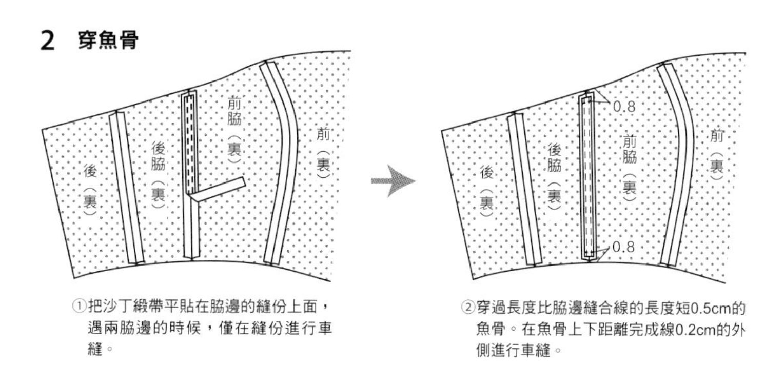

①把沙丁緞帶平貼在脇邊的縫份上面，遇兩脇邊的時候，僅在縫份進行車縫。

②穿過長度比脇邊縫合線的長度短0.5cm的魚骨。在魚骨上下距離完成線0.2cm的外側進行車縫。

7 車縫隱形拉鍊

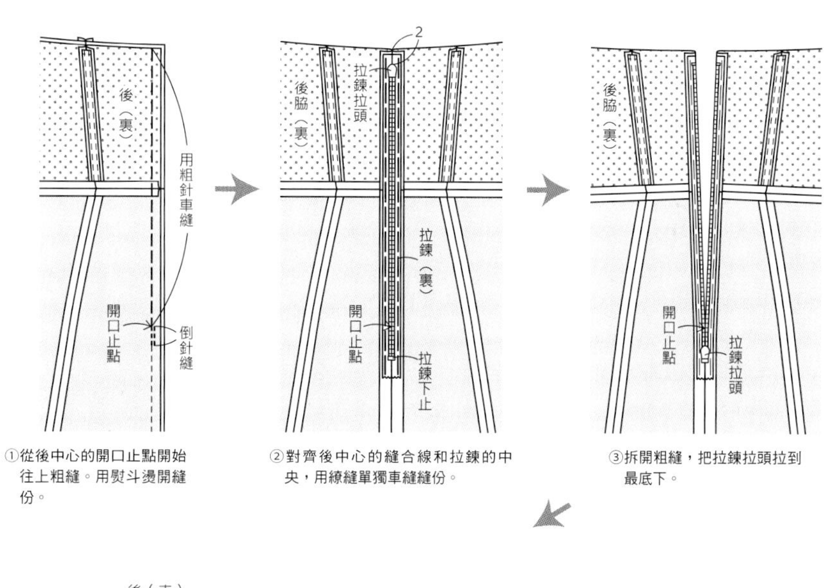

①從後中心的開口止點開始往上粗縫。用熨斗燙開縫份。

②對齊後中心的縫合線和拉鍊的中央，用綿縫單獨車縫縫份。

③拆開粗縫，把拉鍊拉頭拉到最底下。

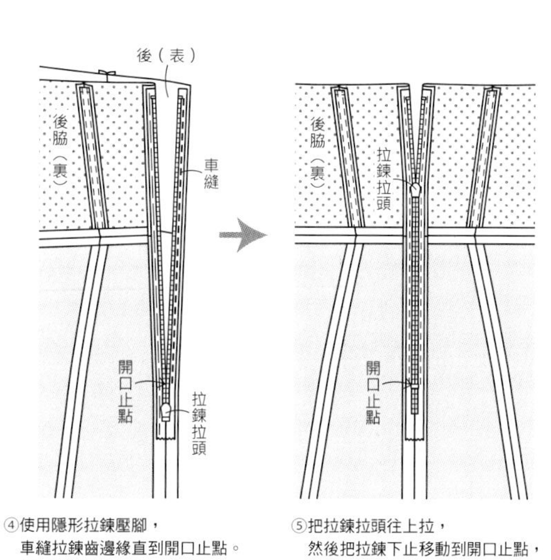

④使用隱形拉鍊壓腳，車縫拉鍊齒邊緣直到開口止點。另一邊也要進行相同的車縫。

⑤把拉鍊拉頭往上拉，然後把拉鍊下止移動到開口止點，用鉗子固定拉鍊下止。

8 裏布熨燙活褶後車縫

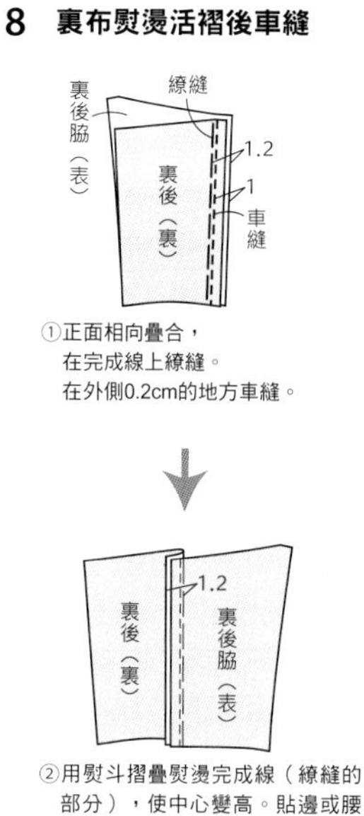

①正面相向疊合，在完成線上繚縫。在外側0.2cm的地方車縫。

②用熨斗摺疊熨燙完成線（繚縫的部分），使中心變高。貼邊或腰線車縫完成後，拆下繚縫。其他部分同樣也要先熨燙活褶再車縫。

裁片配置圖（裏布）

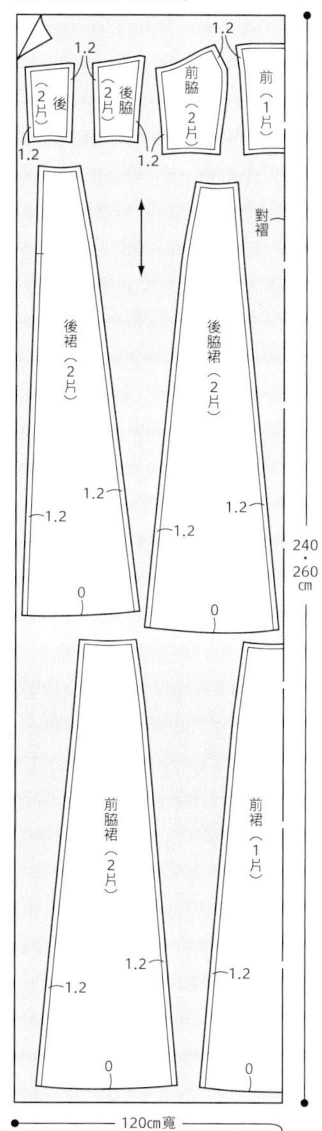

Style 1 A線條

應用 1 page 6

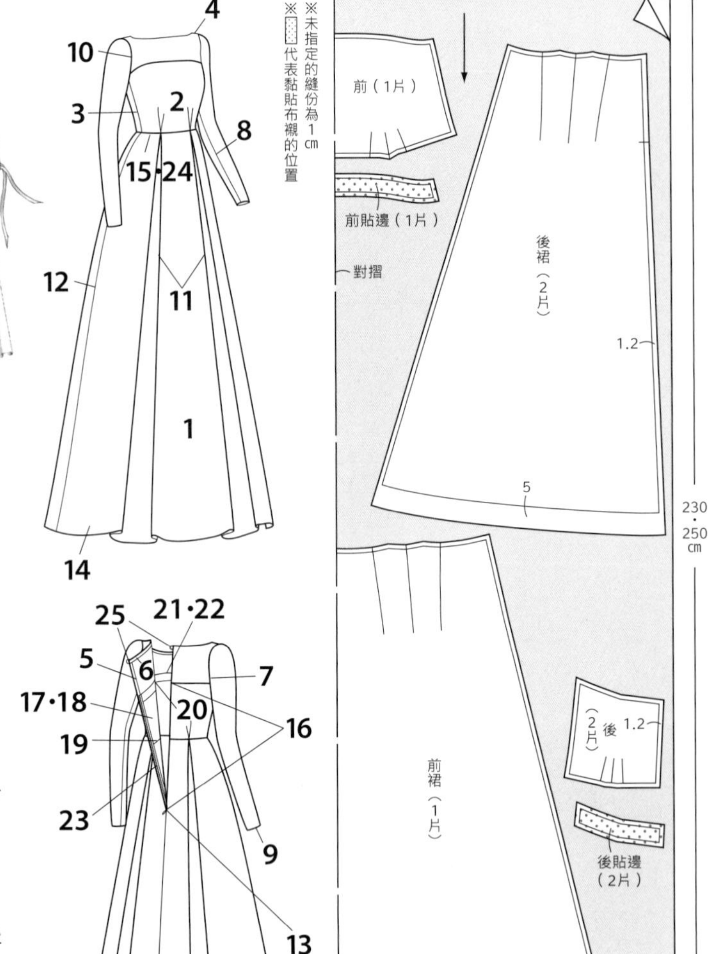

●材料

表布＝150cm寬

（S、M）2m30cm、

（ML、L）2m50cm

配布＝150cm寬

（S、M）2m90cm、（ML、L）3m10cm

裏布＝120cm寬

（S、M）2m40cm、（ML、L）2m60cm

布襯＝90cm寬20cm

隱形拉鍊＝56cm1條

鈕扣＝直徑1cm寬1個

滾邊條＝1.4cm寬1m

●準備

在後貼邊、前貼邊貼上布襯。

※M是「拷克（車布邊）」的簡稱。

●縫法順序

1 對齊前後衣身和前後裙的胚布和蕾絲。裙片的下襬要2片一起加上M。

2 車縫表衣身的褶子。燙開縫份。

3 車縫表衣身的脇邊。燙開縫份。

4 車縫剪接片的肩，2片一起加上M。縫份倒向後側。

5 把剪接片的後中心製成三摺邊，在不影響表面的情況下盲縫。

6 進行領口的收邊。

7 車縫剪接片的脇邊，2片一起加上M。縫份倒向後側。

8 車縫袖裡，2片一起加上M。縫份倒向後側。

9 袖口盲縫成三摺邊。

10 把袖子車縫在剪接片，2片一起加上M。縫份倒向袖子端。

11 表裙片打褶，在縫份上做出止縫。

12 車縫表裙片的脇邊。燙開縫份。

13 從表裙片後中心的開口止點開始車縫至下襬。燙開縫份。

14 把表裙片的下襬盲縫成雙摺邊。

15 車縫表衣身和表裙片的腰線。燙開縫份。

16 車縫隱形拉鍊。

17 車縫裏衣身。車縫褶子。燙開縫份。脇邊熨燙活褶後，車縫。縫份倒向後側。

18 車縫裏裙片。裙片打褶，在縫份上做出止縫。脇邊熨燙活褶後，車縫。縫份倒向後側。後中心的開口止點到下襬部份熨燙活褶後，車縫，縫份倒向右側。下襬以三摺邊收邊。

19 車縫裏衣身和裏裙片的腰線。縫份倒向裙片端。

20 車縫貼邊的脇邊。燙開縫份。

21 縫合貼邊和裏衣身。縫份倒向裏衣身端。

22 把剪接片夾在表衣身和貼邊之間，倒針縫。

23 把裏布盲縫在隱形布帶上面。

24 在腰線和脇邊縫合表裙片和裏裙片。

25 把釦環和鈕扣縫在剪接片上端。

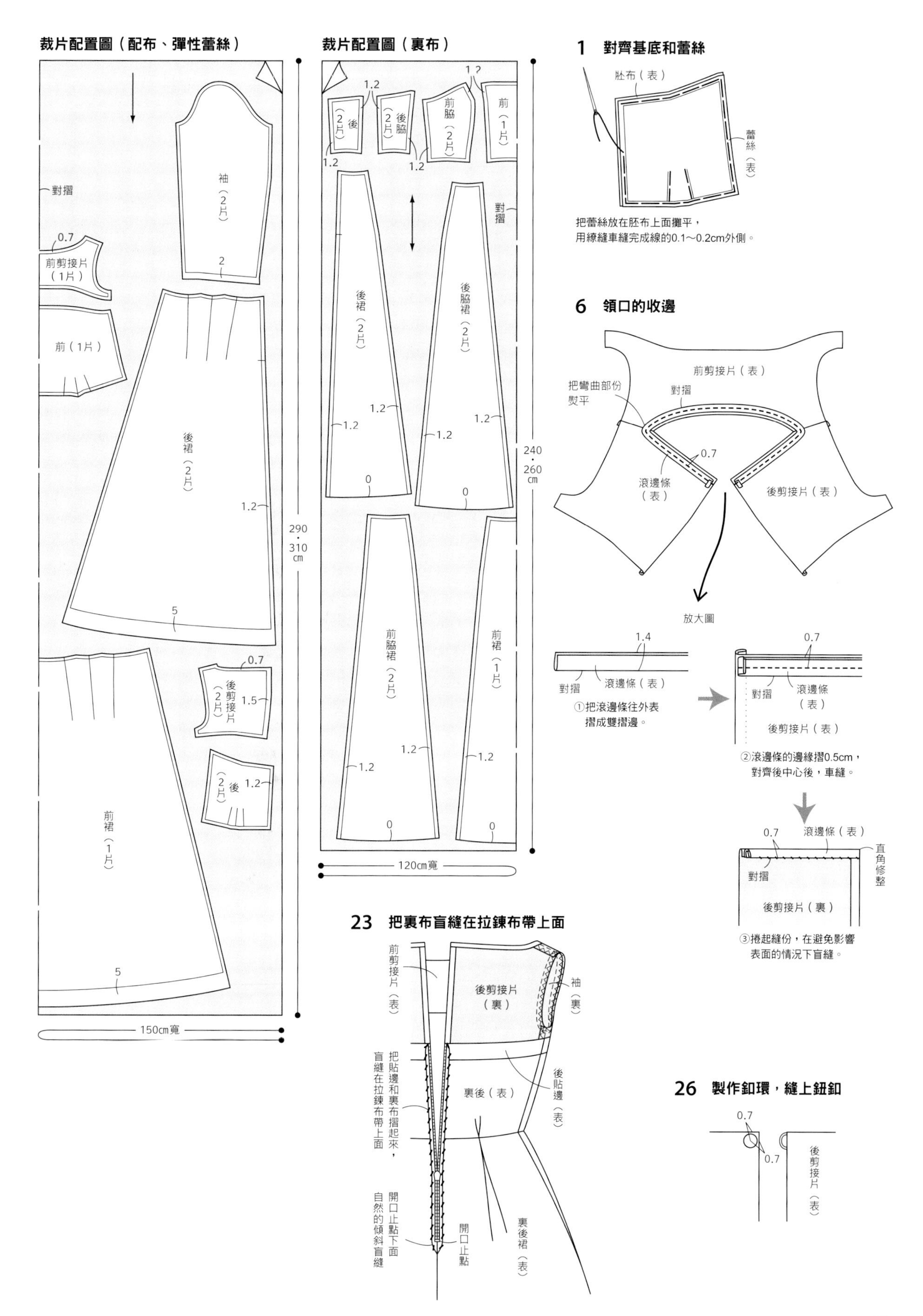

裁片配置圖（配布、彈性蕾絲）
對摺
袖（2片）
0.7
前剪接片（1片）
2
前（1片）
後裙（2片）
1.2
290・310cm
5
0.7
後脇接片（2片）
1.5
後（2片）
1.2
前裙（1片）
5
150cm寬
裁片配置圖（裏布）
1.2
後（2片）
後脇（2片）
前脇（2片）
前（1片）
對摺
後裙（2片）
後脇裙（2片）
0
240・260cm
前脇裙（2片）
前裙（1片）
0
120cm寬
1 對齊基底和蕾絲
胚布（表）
蕾絲（表）
把蕾絲放在胚布上面攤平，
用線縫車縫完成線的0.1～0.2cm外側。
6 領口的收邊
前剪接片（表）
把彎曲部份
熨平
對摺
0.7
滾邊條（表）
後剪接片（表）
放大圖
1.4
對摺
滾邊條（表）
①把滾邊條往外表
摺成雙摺邊。
0.7
對摺
滾邊條（表）
後剪接片（表）
②滾邊條的邊緣摺0.5cm，
對齊後中心後，車縫。
0.7
滾邊條（表）
直角修整
對摺
後剪接片（裏）
③捲起縫份，在避免影響
表面的情況下盲縫。
23 把裏布盲縫在拉鍊布帶上面
前剪接片（表）
後剪接片（裏）
袖（表）
把貼邊和裏布摺起來，
盲縫在拉鍊布帶上面
後貼邊（表）
裏後（表）
開口止點下面
自然的傾斜盲縫
開口止點
裏後裙（表）
26 製作鈕環，縫上鈕釦
0.7
0.7
後剪接片（表）

Style 1 A線條

應用 2 page 8

●材料

表布＝150cm寬
（S、M）2m30cm、（ML、L）2m50cm
配布（蕾絲）＝150cm寬
（S、M）4m70cm、（ML、L）4m90cm
裏布＝120cm寬
（S、M）2m40cm、（ML、L）2m60cm
布襯＝90cm寬
（S、M）60cm、（ML、L）70cm
隱形拉鍊＝56cm1條
沙丁緞帶＝1.2cm寬1m
魚骨＝0.8cm寬1m
風紀釦＝1組

●準備

在後貼邊、前貼邊貼上布襯。
半裙的後中心加上M。
※M是「拷克（車布邊）」的簡稱。

●縫法順序

1 對齊前後衣身的胚布和蕾絲。
2 車縫表衣身的拼接線和脇邊。燙開縫份。
3 穿過魚骨（p.47 **2**）。
4 車縫表裙片的拼接線和脇邊。燙開縫份。
5 從表裙片後中心的開口止點開始車縫至下襬。燙開縫份。
6 在表裙片的下襬加上M，盲縫成雙摺邊。
7 車縫半裙的脇邊，2片一起加上M。縫份倒向後側。
8 從半裙後中心的開口止點車縫至下襬。燙開縫份。
9 半裙的下襬盲縫成三摺邊。
10 半裙的腰線抽縮細褶，對齊表裙片。
11 車縫表衣身、表裙片和半裙的腰線。縫份倒向衣身端。
12 車縫隱形拉鍊。
13 車縫裏衣身。拼接線和脇邊熨燙活褶後，車縫。拼接線的縫份倒向中心端，脇邊倒向後側。
14 車縫裏裙片。拼接線和脇邊熨燙活褶後，車縫。拼接線的縫份倒向中心端，脇邊倒向後側。後中心的開口止點到下襬部份熨燙活褶後，車縫。縫份倒向右側，下襬盲縫成三摺邊。
15 車縫裏衣身和裏裙片的腰線。縫份倒向裙片端。
16 車縫貼邊的脇邊。燙開縫份。
17 車縫貼邊和裏衣身。縫份倒向裙片端。
18 表衣身和貼邊倒針縫。
19 把裏布盲縫在隱形布帶上面。
20 把半裙開口止點往上的部分，盲縫在表裙片後中心的縫合線邊緣。
21 在脇邊縫合表裙片和裏裙片。
22 把風紀釦縫在上端。
23 製作緞帶玫瑰。
24 製作飾帶。
25 參考飾布的車縫位置，一邊檢視協調性，一邊把飾布B縫在裙片上面，然後裝飾上緞帶玫瑰。

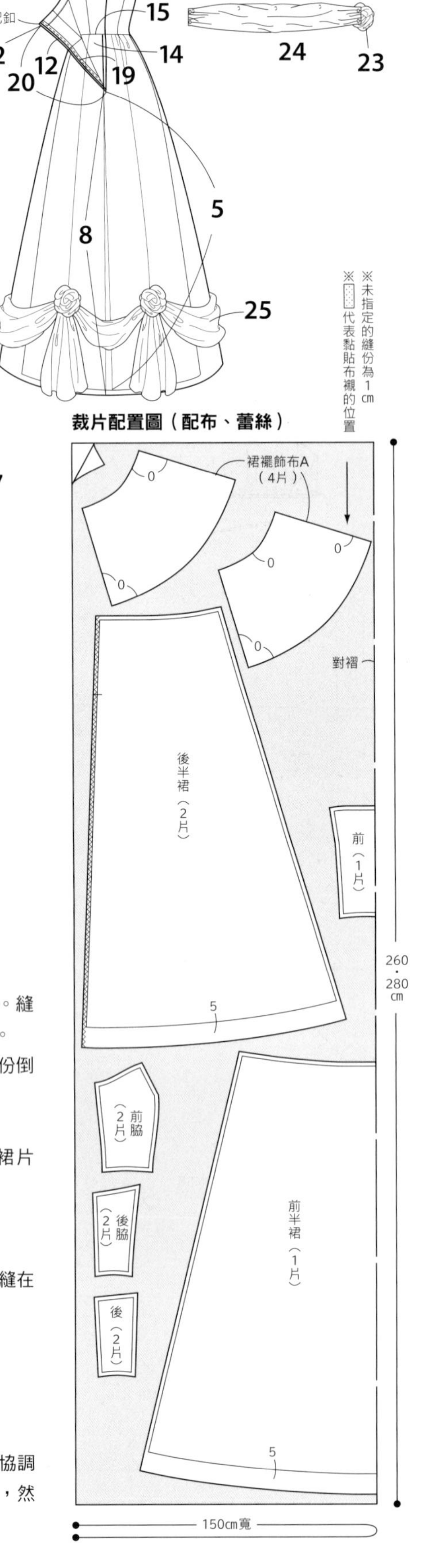

23 製作緞帶玫瑰

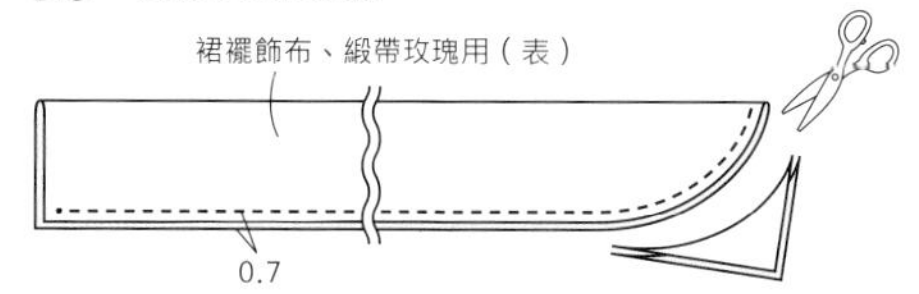

①在避免破壞摺山的情況下，將飾布製成雙摺邊後，將邊緣平針縫。單邊自然的傾斜車縫後，將多餘部分剪掉。

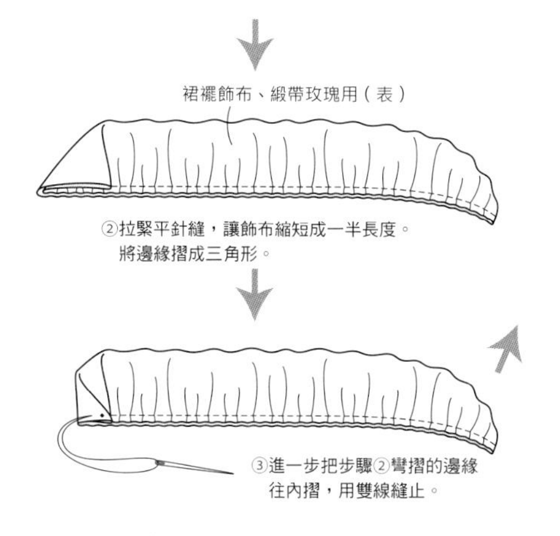

②拉緊平針縫，讓飾布縮短成一半長度。將邊緣摺成三角形。

③進一步把步驟②彎摺的邊緣往內摺，用雙線縫止。

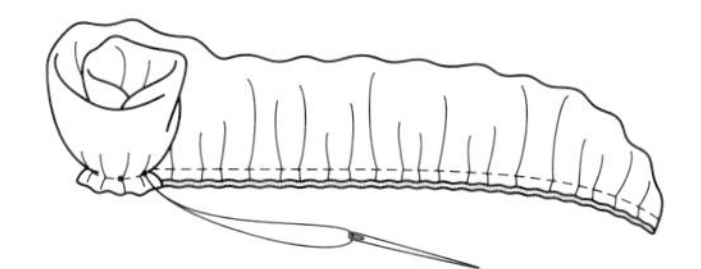

④一邊確認形狀，一邊從邊緣往內捲，調整好形狀後，用線固定根部的各處。

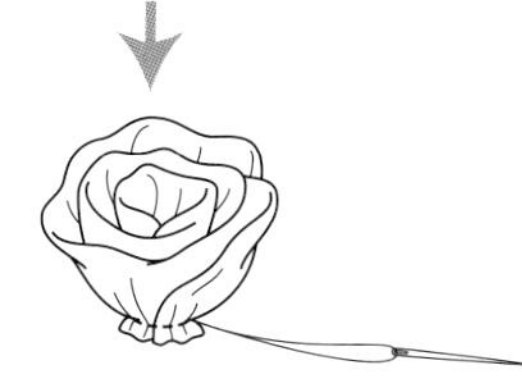

⑤調整形狀，使整體的形狀呈現蓬鬆，根部確實縫緊。一共製作5朵。

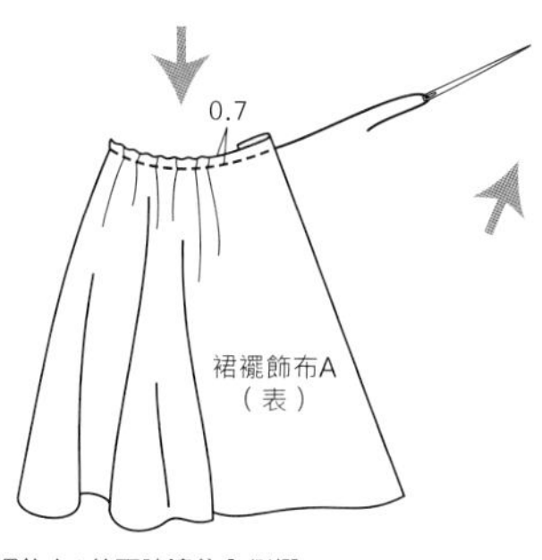

⑥把裙襬飾布A的兩脇邊往內側摺2～3cm，在距離上緣0.7cm的地方，用平針縫抽縮。製作4條。

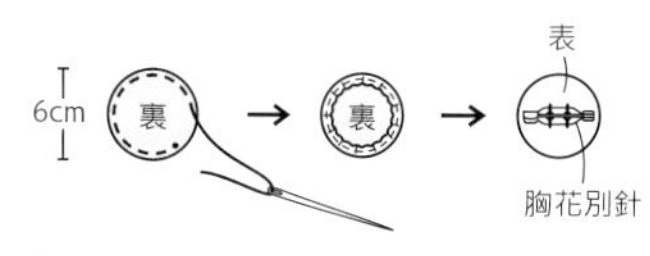

⑦在6cm的布緣用平針縫稍微抽縮，將布緣往內摺，調整成圓形。翻到表面，縫上胸花別針。共製作5個。

⑧把步驟5的材料確實盲縫在緞帶玫瑰的內側。其中4個要把裙襬飾布A夾在其間。

裁片配置圖（配布、蕾絲）

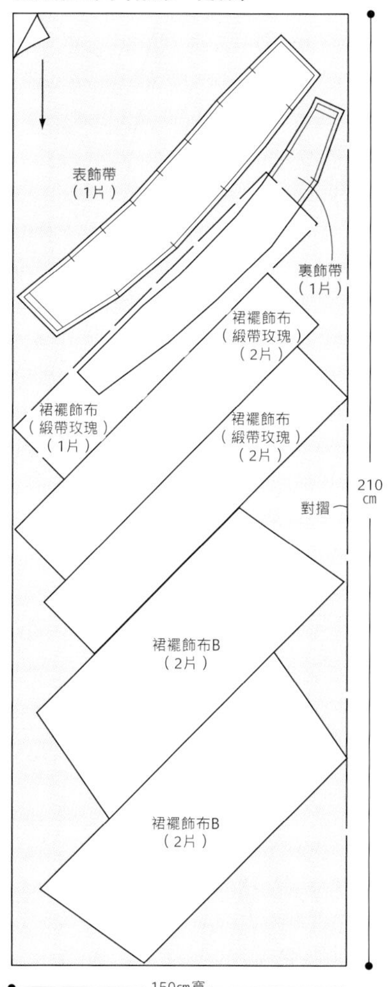

※表布、裏布和「A線條基本」相同。

24 製作飾帶

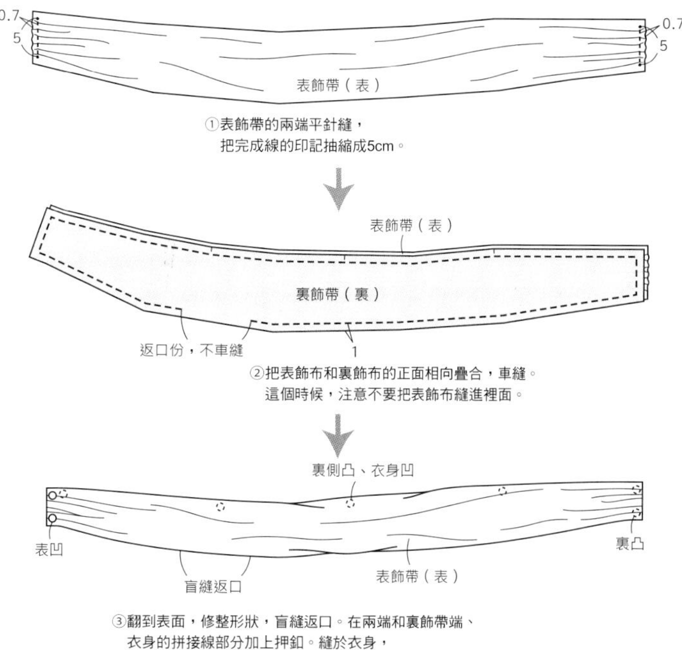

①表飾帶的兩端平針縫，把完成線的印記抽縮成5cm。

②把表飾布和裏飾布的正面相向疊合，車縫。這個時候，注意不要把表飾布縫進裡面。

③翻到表面，修整形狀，盲縫返口。在兩端和裏飾帶端、衣身的拼接線部分加上押釦。縫於衣身，一邊檢視協調性，一邊調整細褶，固定各個部位的裏飾帶。

A-line

Style 1 A線條

page 10

※表布的布寬和裁片配置圖和「A線條 基本」相同。可是，前脇、後脇的形狀有些許不同。前貼邊和後貼邊不需要。

●材料

表布＝150cm寬

（S、M）2m30cm、

（ML、L）2m50cm

裏布＝120cm寬

（S、M）2m40cm、

（ML、L）2m60cm

配布1＝150cm寬

（S、M）3m30cm、

（ML、L）3m50cm

配布2＝90cm寬

（S、M）1m20cm、

（ML、L）1m40cm

布襯＝90cm寬1m50cm

隱形拉鍊＝56cm1條

風紀釦＝2組

●準備

在後片、後脇、前片、前脇、前後肩布、袖頭貼上布襯。

半裙的後中心、裏前後肩布加上M。

※M是「拷克（車布邊）」的簡稱。

●縫法順序

24 23 24 14 13 18 15 4 7 16 6 5 17 8

裁片配置圖（裏布）

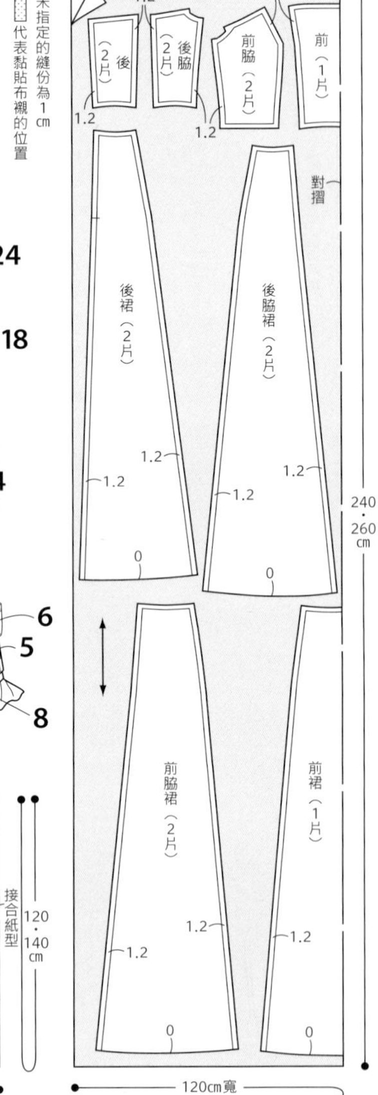

裁片配置圖（配布2）

前後肩布（2片）

袖頭（2片）

對摺

接合紙型

120・140cm

90cm寬

1 對齊前後衣身的胚布和蕾絲。
2 車縫表衣身的拼接線和脇邊。燙開縫份。
3 車縫表裙片的拼接線和脇邊。燙開縫份。
4 從表裙片後中心的開口止點開始車縫至下襬。燙開縫份。
5 在表裙片的下襬加上M，盲縫成雙摺邊。
6 車縫半裙的脇邊，2片一起加上M。縫份倒向後側。
7 從半裙後中心的開口止點車縫至下襬。燙開縫份。
8 半裙的下襬加上M，以雙摺邊收邊。
9 把褶飾邊縫成環狀，上下捲縫收邊。
10 褶飾邊抽縮細褶，盲縫在半裙片上面。
11 半裙片的腰線抽縮細褶，對齊表裙片。
12 車縫表衣身、表裙片和半裙片的腰線。縫份倒向衣身端。
13 車縫隱形拉鍊。
14 裏衣身的拼接線和脇邊熨燙活褶後，車縫。拼接線的縫份倒向中心端，脇邊倒向後側。
15 裏裙片的拼接線和脇邊熨燙活褶後，車縫。拼接線的縫份倒向中心端，脇邊倒向後側。
16 裏裙片後中心的開口止點到下襬部份熨燙活褶後，車縫。縫份倒向右側。
17 裏裙片的下襬以三摺邊收邊。
18 車縫裏衣身和裏裙片的腰線。
19 製作袖子。
20 把袖子縫在衣身上面。
21 對齊表衣身和裏衣身。
22 把肩布縫在衣身上面。
23 把半裙片開口止點往上的部分，盲縫在表裙片後中心的縫合線邊緣。
24 把風紀釦縫在肩布的後中心。

裁片配置圖（配布1）

褶飾邊
14 褶飾邊車縫位置的尺寸×3
袖（1片）
袖（1片）
對摺
後半裙（2片）
前（1片）
5
前脇（2片）
前半裙（1片）
後脇（2片）
後（2片）
1.2
5
330・350cm
150cm寬

19 製作袖子

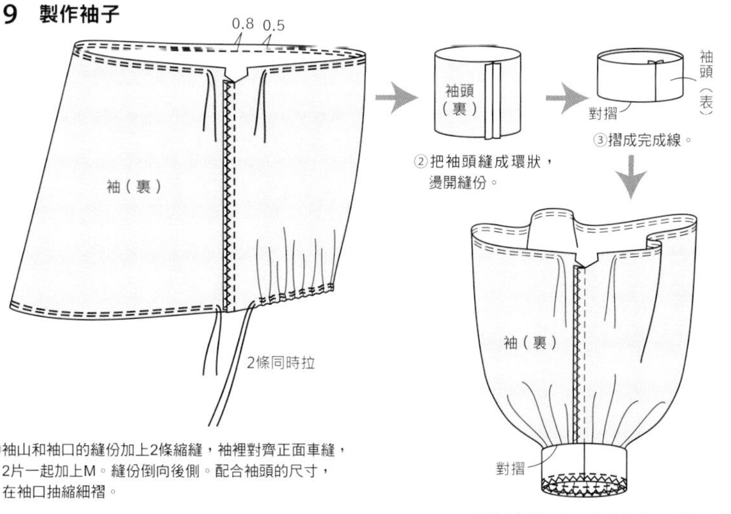

0.8 0.5
袖（裏）
2條同時拉
袖頭（裏）
袖頭（表）
對摺
袖（裏）
對摺

①袖山和袖口的縫份加上2條縮縫，袖裡對齊正面車縫，2片一起加上M。縫份倒向後側。配合袖頭的尺寸，在袖口抽縮細褶。

②把袖頭縫成環狀，燙開縫份。

③摺成完成線。

④對齊袖裡和袖頭的縫合線，一邊檢視袖緣，一邊車縫。3片一起加上M。

20 把袖子縫在衣身上面

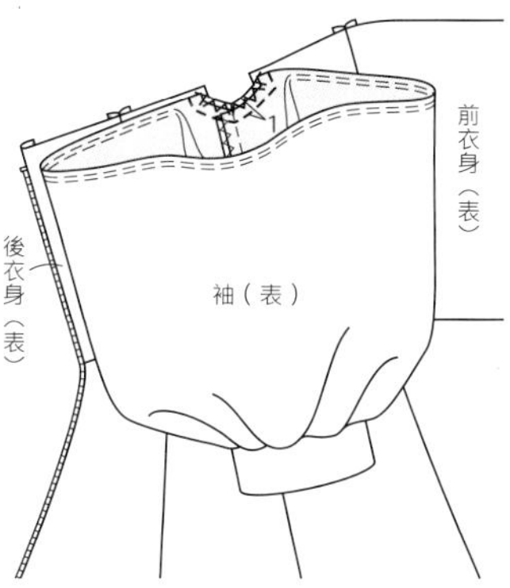

前衣身（表）
後衣身（表）
袖（表）
1

衣身和袖子的正面相向疊合後，車縫，2片一起加上M。

21 對齊表衣身和裏衣身

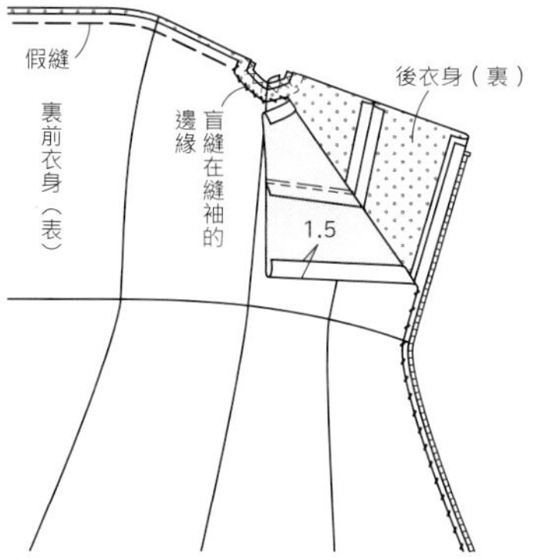

假縫
裏前衣身（表）
盲縫在縫袖的邊緣
後衣身（裏）
1.5

在肩布車縫位置假縫後，把裏布盲縫在縫袖的邊緣。裏後中心也要盲縫在拉鍊布帶上面。

22 把肩布縫在衣身上面

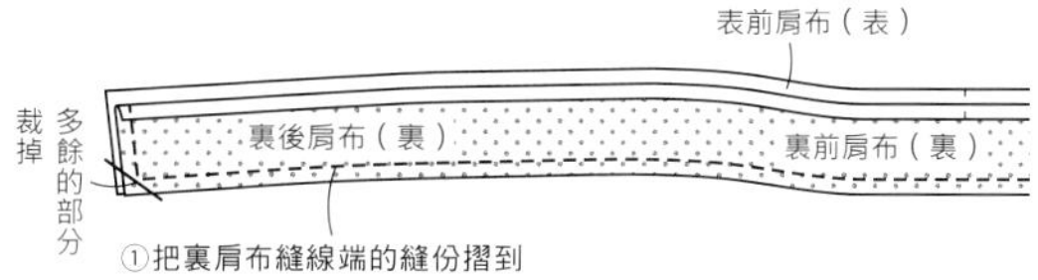

表前肩布（表）
裁掉多餘的部分
裏後肩布（裏）
裏前肩布（裏）

①把裏肩布縫線端的縫份摺到完成線，車縫周圍，翻到表面後，調整形狀。

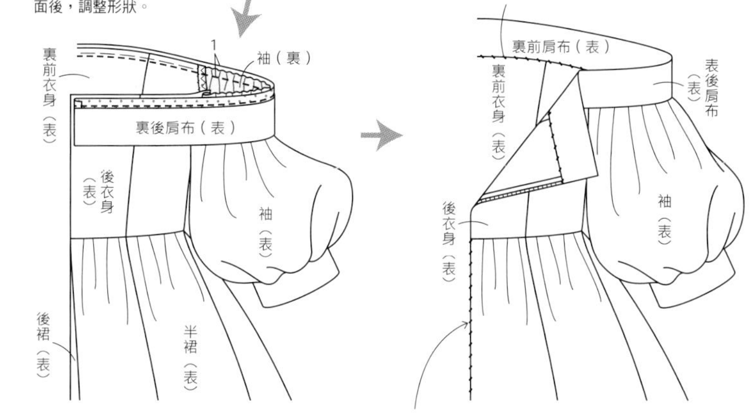

裏前衣身（表）
1
袖（裏）
裏後肩布（表）
後衣身（表）
袖（表）
後裙（表）
半裙（表）

②確實對齊衣身和肩布的後中心，袖子抽縮細褶後，車縫。這個時候，注意不要把裏肩布的摺山縫進去。

③把裏肩布盲縫在縫線邊緣。

裏前肩布（表）
表後肩布（表）
裏前衣身（表）
後衣身（表）
袖（表）

23 盲縫半裙

Empire line

Style 2 帝政線條

page 12

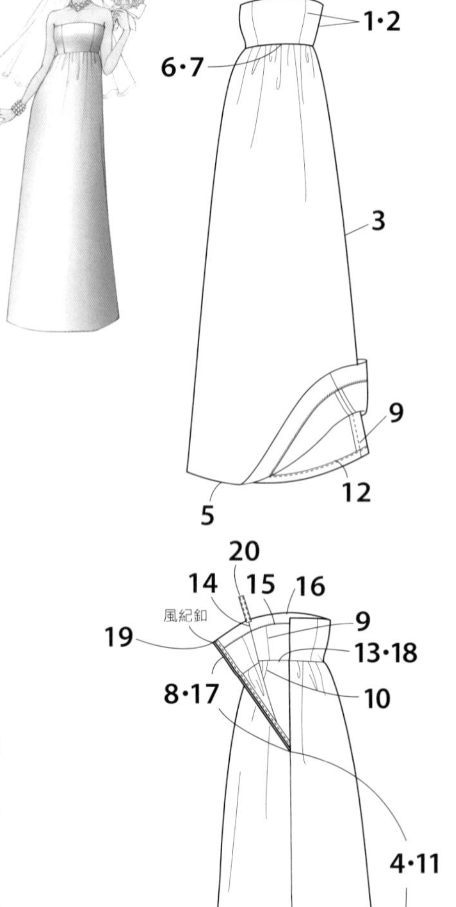

●材料

表布＝110cm寬
（S、M）2m70cm、（ML、L）2m90cm
裏布＝90cm寬
（S、M）2m60cm、（ML、L）2m80cm
布襯＝90cm寬
（S、M）40cm、（ML、L）50cm
隱形拉鍊＝56cm1條
沙丁緞帶＝1.2cm寬1m、1.5cm寬50cm
魚骨＝0.8cm寬1m、1.2cm寬20m
風紀釦＝1組

●準備

在表衣身和貼邊貼上布襯。貼邊背面加上M。
※M是「拷克（車布邊）」的簡稱。

●縫法順序

1 分別車縫表衣身的拼接線和脇邊。燙開縫份。
2 把沙丁緞帶縫在脇邊縫份上面，穿過魚骨（p.47 **2**）。
3 車縫表裙片的脇邊。燙開縫份。
4 從表裙片後中心的開口止點開始車縫至下襬。燙開縫份。
5 表裙片的下襬加上M，盲縫成雙摺邊。
6 在表裙片的腰線加上縮縫。
7 車縫表衣身和表裙片的腰線。縫份倒向衣身側。
8 車縫隱形拉鍊。
9 裏衣身的拼接線和脇邊熨燙活褶後，車縫。拼接線的縫份倒向中心，脇邊則倒向後側。
10 裏裙片的褶子和脇邊熨燙活褶後，車縫。褶子的縫份倒向中心，脇邊則倒向後側。
11 裏裙片後中心的開口止點到下襬部份熨燙活褶後，車縫。縫份倒向右側。
12 裏裙片的下襬以2cm的三摺邊收邊。
13 車縫裏衣身和裏裙片的腰線。縫份倒向衣身端。
14 車縫貼邊的脇邊。燙開縫份。
15 車縫貼邊和裏衣身。縫份倒向衣身端。
16 倒針縫表衣身和貼邊。
17 把裏布盲縫在拉鍊布帶上面。
18 在腰線和脇邊縫合表裙片和裏裙片。
19 把風紀釦縫在頂端。
20 縫上內衣魚骨撐。

裁片配置圖（裏布）

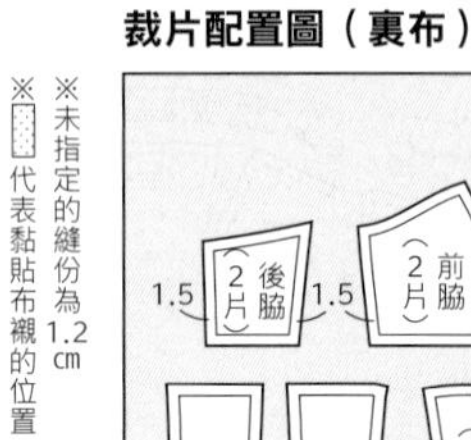

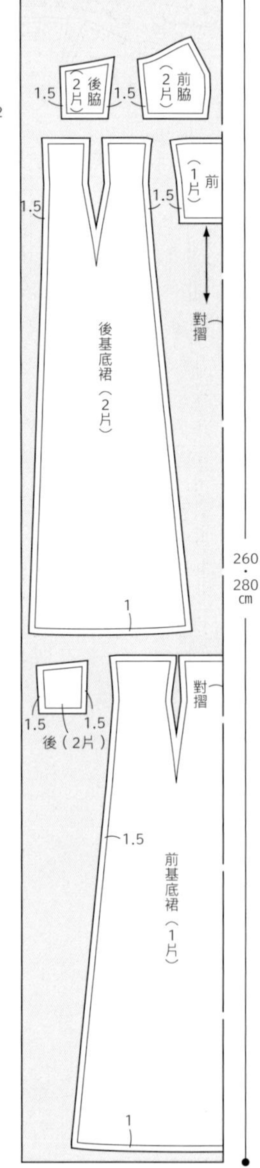

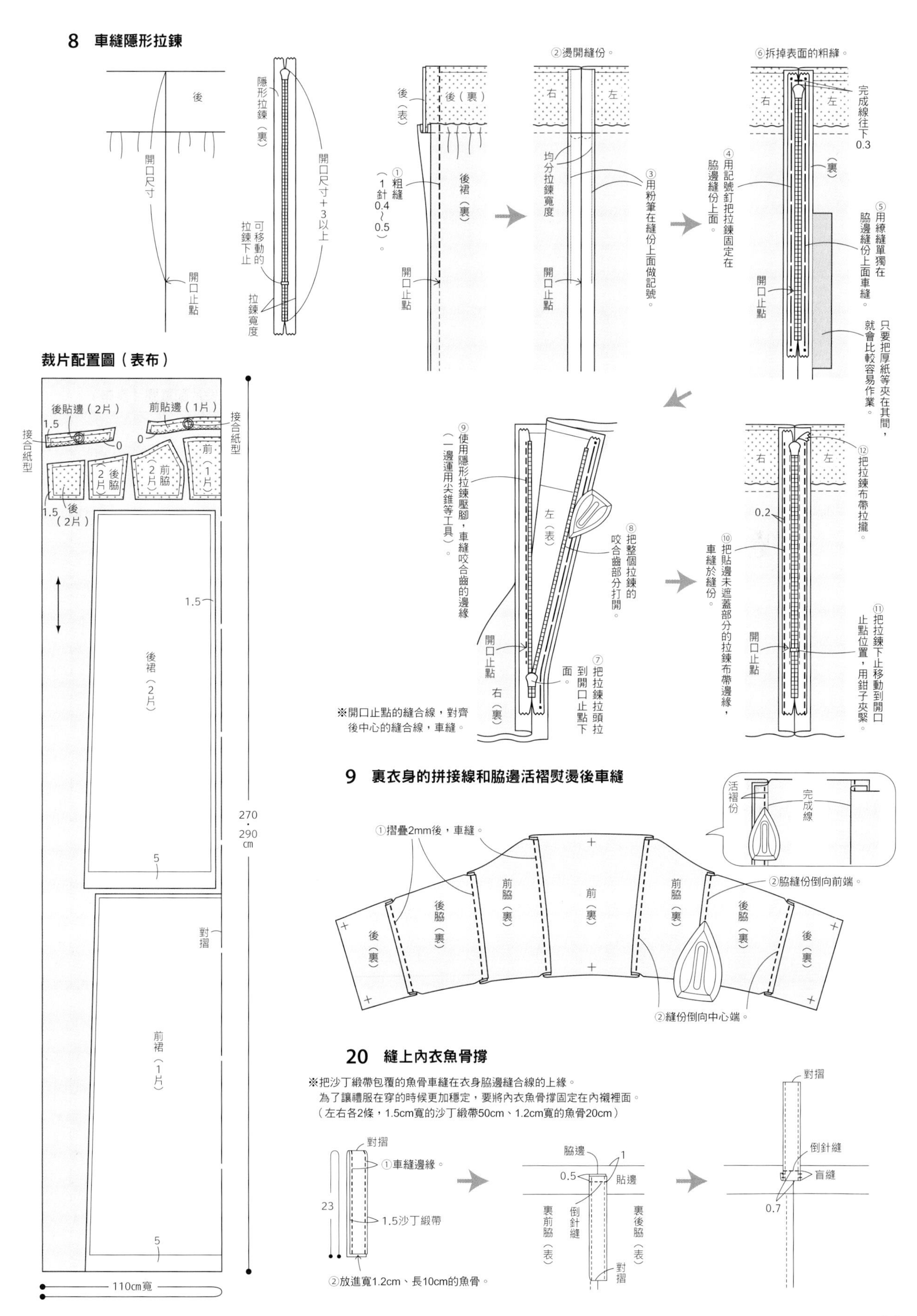

8 車縫隱形拉鍊
後
開口尺寸
開口止點
隱形拉鍊（裏）
可移動的拉鍊下止
拉鍊寬度
開口尺寸＋3以上
後（表）
後（裏）
①粗縫（1針0.4～0.5）。
後裙（裏）
開口止點
②燙開縫份。
右
左
均分拉鍊寬度
③用粉筆在縫份上面做記號。
開口止點
⑥拆掉表面的粗縫。
完成線往下0.3
④用記號釘把拉鍊固定在脇邊縫份上面。
（裏）
⑤用線縫單獨在脇邊縫份上面車縫。
開口止點
只要把厚紙等夾在其間，就會比較容易作業。
⑨使用隱形拉鍊壓腳，車縫咬合齒的邊緣（一邊運用尖錐等工具）。
左（表）
⑧把整個拉鍊的咬合齒部分打開。
開口止點
右（裏）
⑦把拉鍊拉頭拉到開口止點下面。
※開口止點的縫合線，對齊後中心的縫合線，車縫。
⑫把拉鍊布帶拉攏。
0.2
⑩把貼邊未遮蓋部分的拉鍊布帶邊緣，車縫於縫份。
開口止點
⑪把拉鍊下止移動到開口止點位置，用鉗子夾緊。
裁片配置圖（表布）
後貼邊（2片）
前貼邊（1片）
接合紙型
1.5
0
前（1片）
前脇（2片）
後脇（2片）
後（2片）
1.5
後裙（2片）
5
對摺
前裙（1片）
5
270・290cm
110cm寬
9 裏衣身的拼接線和脇邊活褶熨燙後車縫
①摺疊2mm後，車縫。
活褶份
完成線
後（裏）
後脇（裏）
前脇（裏）
前（裏）
②脇縫份倒向前端。
②縫份倒向中心端。
20 縫上內衣魚骨撐
※把沙丁緞帶包覆的魚骨車縫在衣身脇邊縫合線的上緣。
為了讓禮服在穿的時候更加穩定，要將內衣魚骨撐固定在內襯裡面。
（左右各2條，1.5cm寬的沙丁緞帶50cm、1.2cm寬的魚骨20cm）
對摺
①車縫邊緣。
23
1.5沙丁緞帶
②放進寬1.2cm、長10cm的魚骨。
脇邊
1
0.5
貼邊
裏前脇（表）
倒針縫
裏後脇（表）
對摺
倒針縫
盲縫
0.7

Style 2 帝政線條

應用 1 page 14

●材料

表布＝120cm寬
（S、M）3m、（ML、L）3m20cm
配布＝120cm寬
（S、M）3m20cm、（ML、L）3m40cm
裏布（裙片部分）＝90cm寬
（S、M）2m50cm、（ML、L）2m70cm
布襯＝90cm寬40cm
隱形拉鍊＝56cm1條
沙丁緞帶＝1.2cm寬1m
魚骨＝0.8cm寬1m
風紀釦＝1組

●準備

在表衣身和貼邊貼上布襯。貼邊背面加上M。
※M是「拷克（車布邊）」的簡稱。

●縫法順序

1 分別車縫表衣身的拼接線和脇邊。燙開縫份。
2 把沙丁緞帶縫在脇邊縫份上面，穿過魚骨（p.47 2）。
3 表衣身（配布）的上端和拼接縫份抽縮細褶。
4 裏衣身的拼接線和脇邊熨燙活褶後，車縫（p.55 9）。
5 車縫袖、肩布。
6 用表衣身和貼邊夾住接合袖子的肩布，倒針縫。
7 分別車縫表布和配布的裙片脇邊。燙開縫份。
8 表布和配布的裙片後中心的脇邊，分別從開口止點車縫到下襬。燙開縫份。
9 表布的裙片下襬加上M，盲縫成雙摺邊。
10 表布和配布的裙片腰線加上縮縫。
11 車縫表衣身和表裙片的腰線。縫份倒向衣身端。
12 在配布的開口止點的縫份加上剪口，重疊表布開口的縫份，車縫隱形拉鍊。
13 製作裏裙片（p.54 10～12）。
14 車縫裏衣身和裏裙片的腰線。縫份倒向衣身端。
15 把裏布盲縫在拉鍊布帶上面。
16 在腰線和脇邊縫合表裙片和裏裙片。
17 把風紀釦縫在頂端。
18 製作蝴蝶結裝飾，縫上。

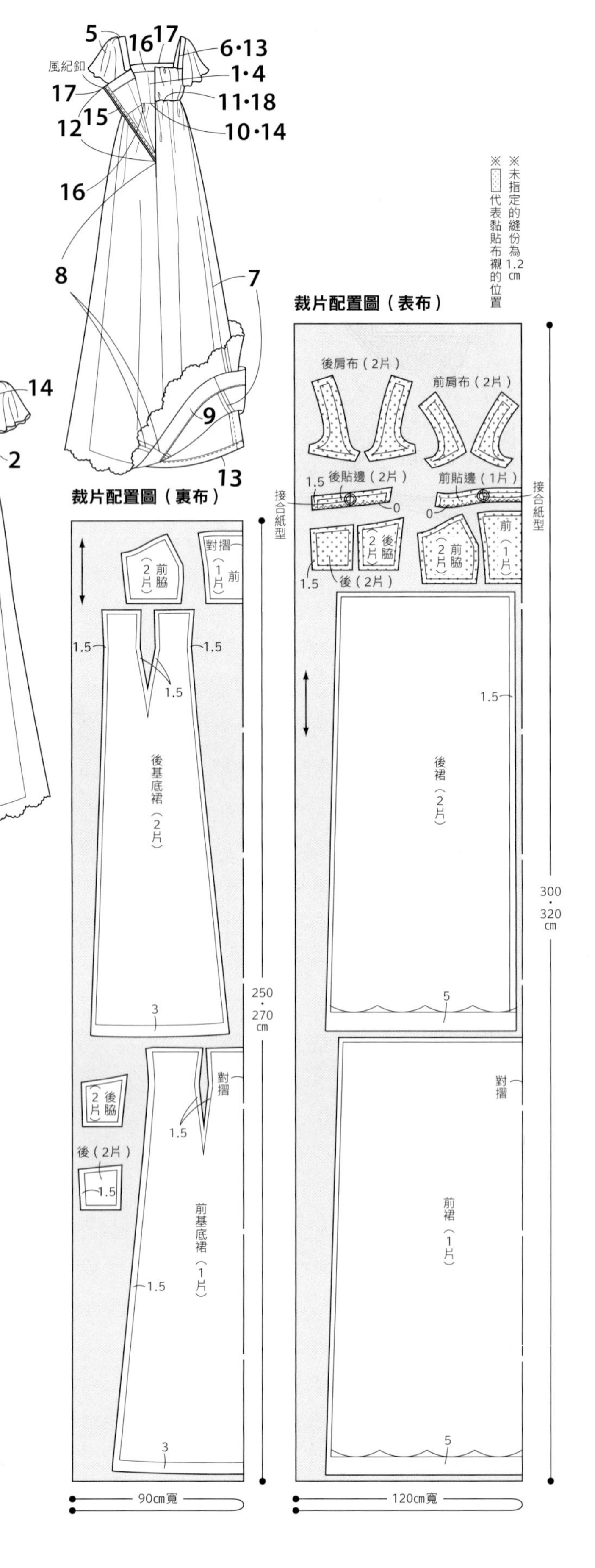

1 分別車縫表衣身的拼接線和脇邊

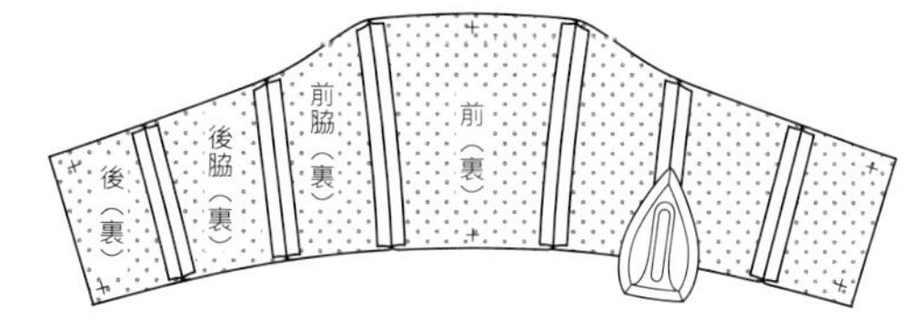

裁片配置圖（配布）

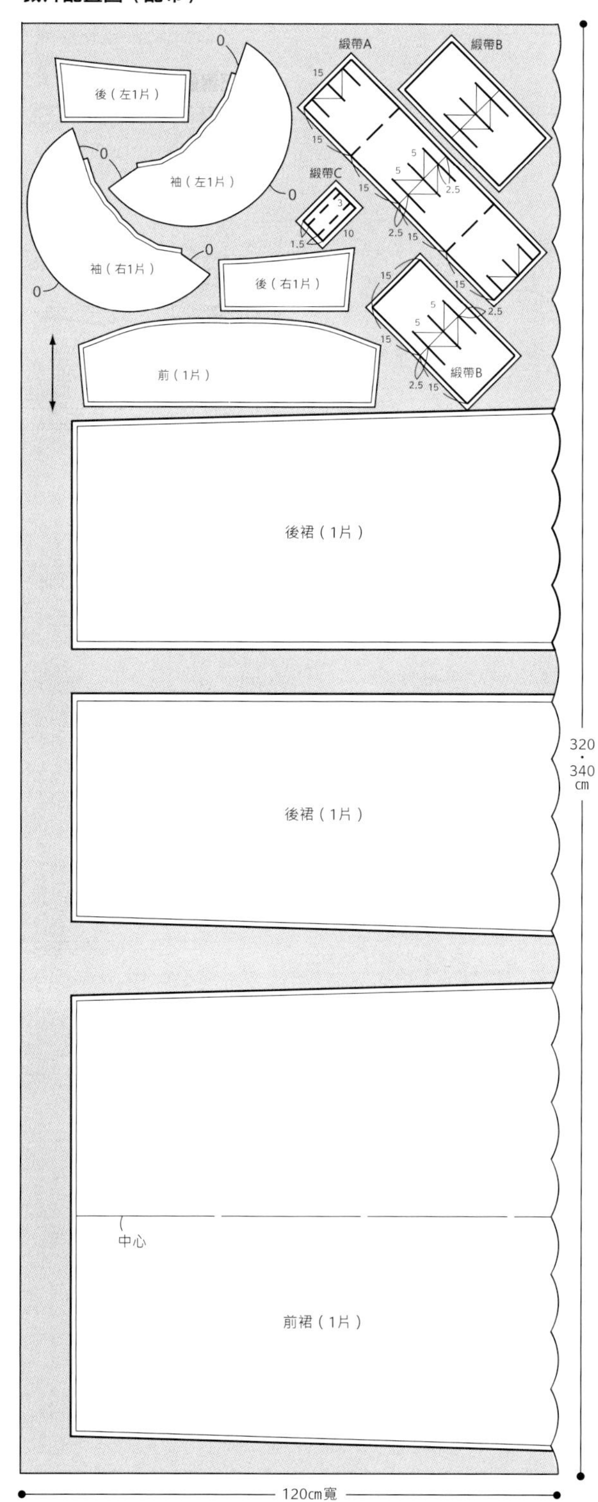

3 在表衣身（配布）的上緣和拼接縫份抽縮細褶

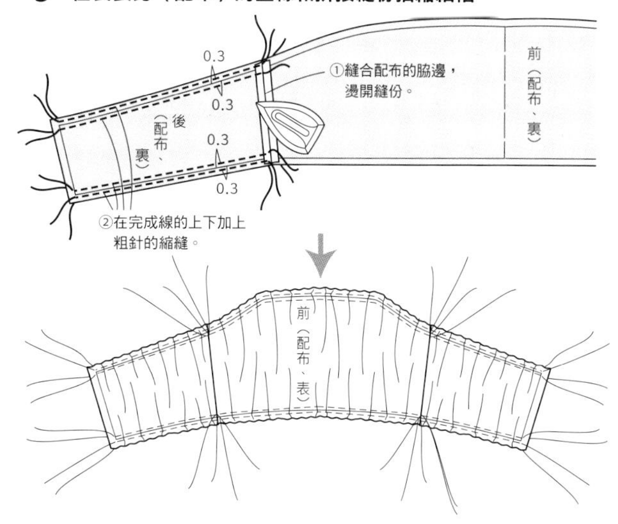

5 車縫袖、肩布

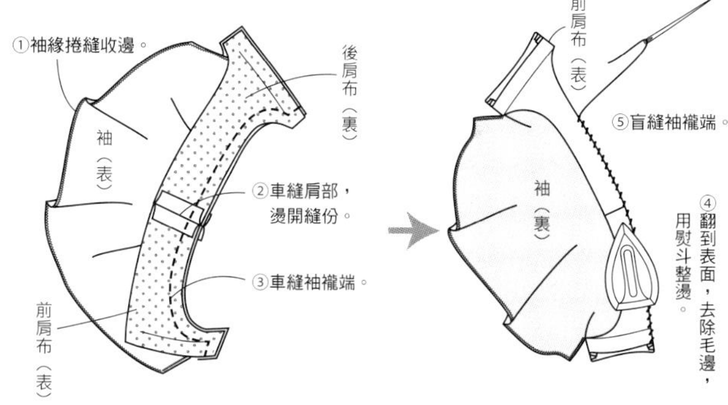

6 用表衣身和貼邊夾住縫袖的肩布後，倒針縫

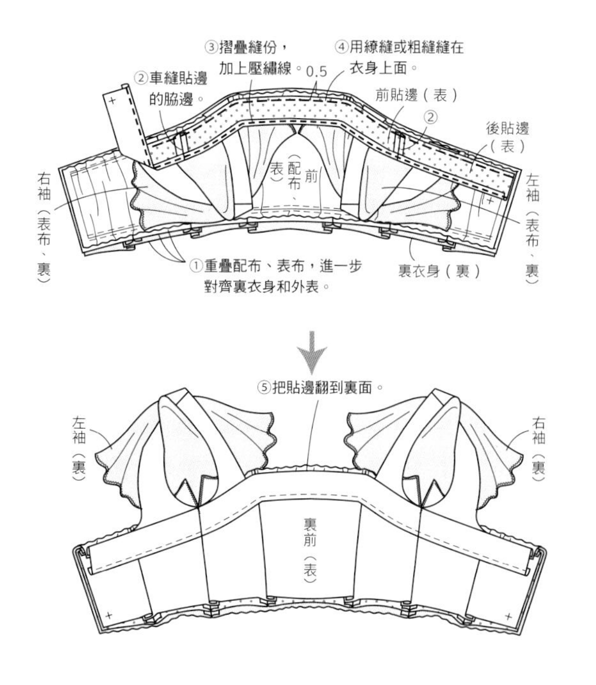

Empire line
Style 2 帝政線條

應用 2 page 16

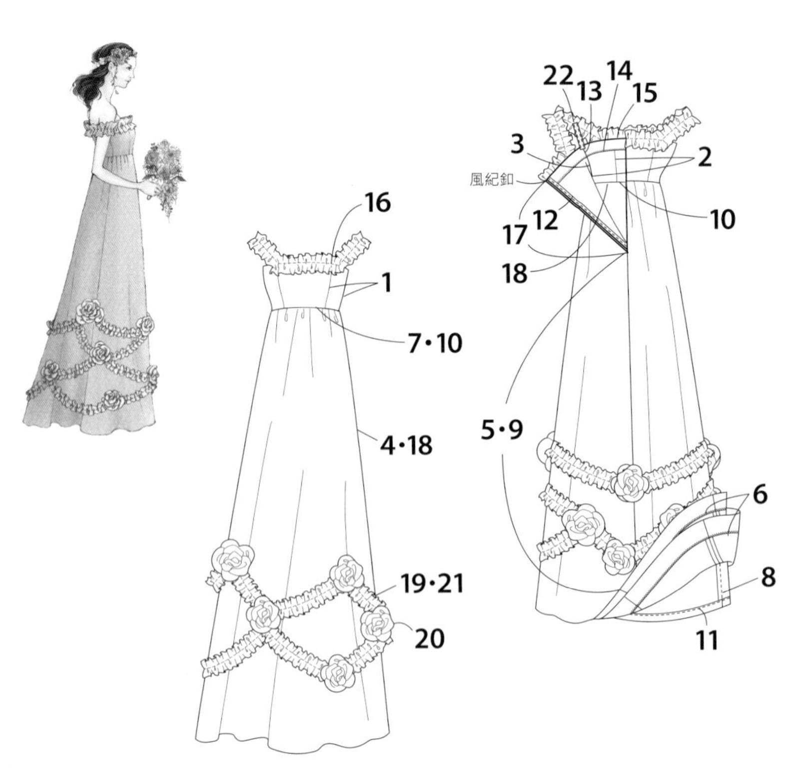

●**材料**

表布＝110cm寬

（S、M）5m60cm、（ML、L）5m90cm

配布＝110cm寬

（S、M）2m60cm、（ML、L）2m90cm

裏布＝90cm寬

（S、M）2m50cm、（ML、L）2m70cm

布襯＝90cm寬40cm

隱形拉鍊＝56cm1條

沙丁緞帶＝1.2cm寬1m、1.5cm寬50cm

魚骨＝0.8cm寬1m、1.2cm寬20cm

風紀釦＝1組

●**準備**

在表衣身和貼邊貼上布襯。貼邊背面加上M。

※M是「拷克（車布邊）」的簡稱。

●**縫法順序**

1 分別車縫表衣身（表布、配布）的拼接線和脇邊。燙開縫份。

2 分別車縫裏衣身（裏布）的拼接線和脇邊。燙開縫份。

3 把沙丁緞帶縫在脇邊縫份上面，穿過魚骨（p.47 **2**）。

4 分別車縫表裙片（表布、配布）的脇邊。燙開縫份。

5 分別從表裙片（表布、配布）後中心的開口止點車縫到下襬。燙開縫份。

6 表裙片（表布、配布）的下襬分別加上M，盲縫成雙摺邊。

7 重疊表裙片（表布、配布），2片一起在腰線加上縮縫，收縮成車縫尺寸。

8 裏裙片的褶子和脇邊熨燙活褶後，車縫。褶子的縫份倒向中心端，脇邊的縫份倒向後側。

9 裏裙片後中心的開口止點到下襬的部分熨燙活褶後，車縫。縫份倒向右側。

10 車縫表衣身和表裙片、裏衣身和裏裙片的腰線。縫份倒向衣身端。

11 把裏裙片的下襬以2cm的三摺邊收邊。

12 在配布的開口止點的縫份加上剪口，重疊表布開口的縫份，車縫隱形拉鍊。

13 車縫貼邊的脇邊。燙開縫份。

14 把表衣身和裏衣身接合於外表。

15 在貼邊倒針縫表衣身。

16 縮縫前後的肩布褶飾邊。在縫合線上進行鬆緊帶縮縫。把縮縫的肩布褶飾邊縫在前衣身左右褶飾邊縫止和後衣身左右褶飾邊縫止之間。

17 把裏布盲縫在拉鍊布帶上面。

18 在腰線和脇邊縫止表裙片和裏裙片。

19 進行裙襬褶飾邊的縮縫。加上粗針的縮縫，收縮成一半的尺寸。

20 製作緞帶玫瑰。

21 平均縫上裙襬褶飾邊和緞帶玫瑰。

22 縫上內衣魚骨撐（p.55 **20**）。

16 縮縫的方法

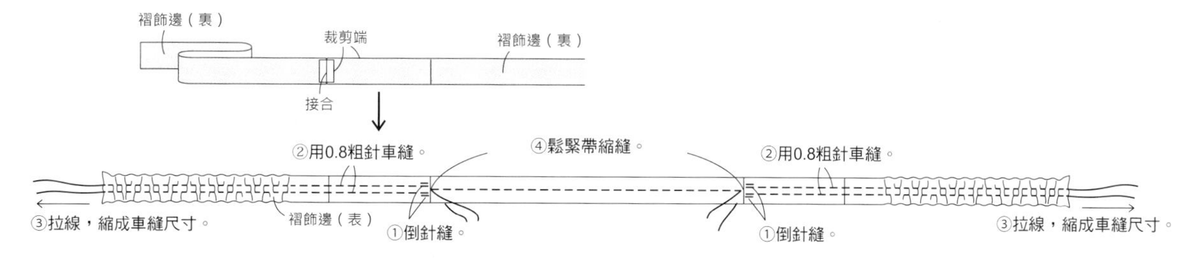
褶飾邊（裏）
裁剪端
褶飾邊（裏）
接合
②用0.8粗針車縫。
④鬆緊帶縮縫。
②用0.8粗針車縫。
③拉線，縮成車縫尺寸。
褶飾邊（表）
①倒針縫。
①倒針縫。
③拉線，縮成車縫尺寸。

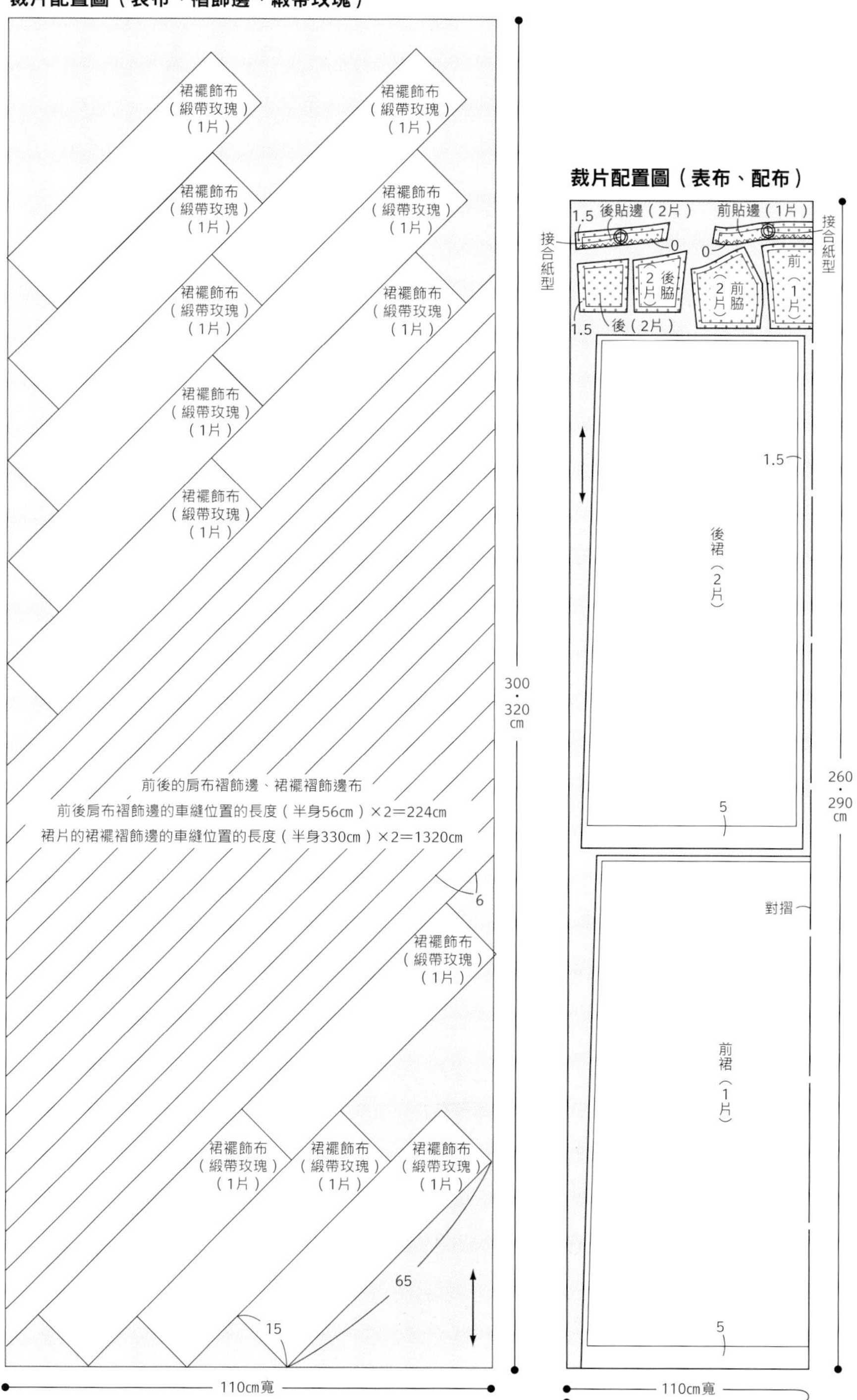
裁片配置圖（表布、褶飾邊、緞帶玫瑰）
※未指定的縫份為1.2cm
※▢代表黏貼布襯的位置
裙襬飾布（緞帶玫瑰）（1片）
前後的肩布褶飾邊、裙襬褶飾邊布
前後肩布褶飾邊的車縫位置的長度（半身56cm）×2＝224cm
裙片的裙襬褶飾邊的車縫位置的長度（半身330cm）×2＝1320cm
6
65
15
300・320cm
110cm寬
裁片配置圖（表布、配布）
1.5
後貼邊（2片）
前貼邊（1片）
接合紙型
0
後脇（2片）
前脇（2片）
前（1片）
後（2片）
1.5
後裙（2片）
前裙（1片）
對摺
5
260・290cm
110cm寬

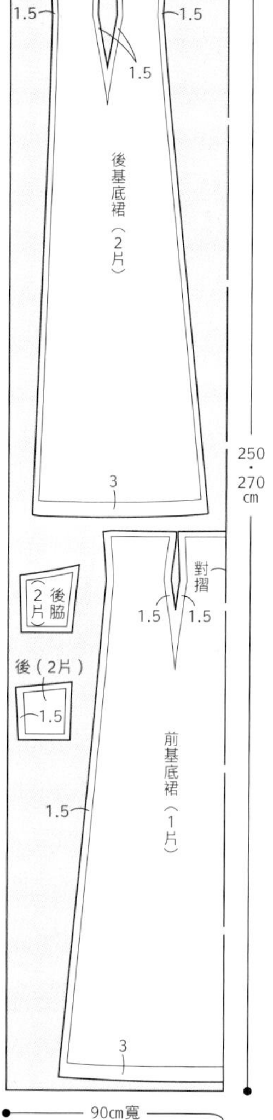
裁片配置圖（裏布）
前（2片）
對摺
前（1片）
1.5
後基底裙（2片）
3
對摺
後脇（2片）
後（2片）
前基底裙（1片）
250・270cm
90cm寬

Empire line

Style 2 帝政線條

page 18

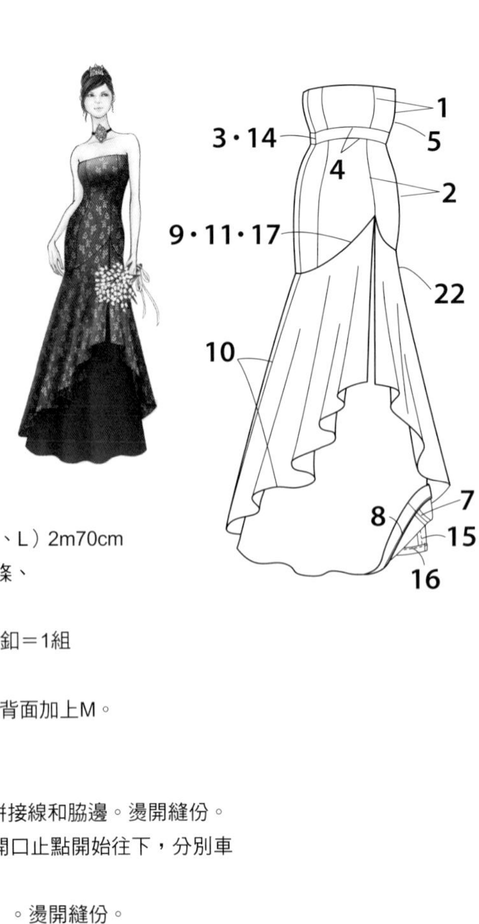

●材料

表布（蕾絲）＝120cm寬
（S、M）2m80cm、（ML、L）3m
表布（素色）＝120cm寬
（S、M）2m70cm、（ML、L）2m90cm
裏布＝90cm寬（S、M）2m50cm、（ML、L）2m70cm
布襯＝90cm寬40cm、隱形拉鍊＝56cm1條、
沙丁緞帶＝1.2cm寬1m、1.5cm寬50cm
魚骨＝0.8cm寬1m、1.2cm寬20cm、風紀釦＝1組

●準備

在表衣身和拼接布、貼邊貼上布襯。貼邊背面加上M。
※M是「拷克（車布邊）」的簡稱。

●縫法順序

1 分別車縫表衣身（蕾絲、素色）的拼接線和脇邊。燙開縫份。
2 從表衣身（蕾絲、素色）後中心的開口止點開始往下，分別車縫拼接線和脇邊。燙開縫份。
3 分別車縫前後拼接布（蕾絲、素色）。燙開縫份。
4 蕾絲、素色分別車縫表衣身、表衣身下和前後拼接布的上下。燙開縫份。
5 把沙丁緞帶縫在脇邊縫份上面，穿過魚骨（p.47 **2**）。
6 在蕾絲開口止點的縫份加上剪口，重疊素色開口的縫份，車縫隱形拉鍊。
7 車縫表裙片的脇邊。燙開縫份。
8 表裙片的下襬加上M，盲縫成雙摺邊。
9 車縫表裙片和衣身下拼接線。縫份倒向衣身端。
10 車縫前後半裙的脇邊，從前端開始，在下襬加上M，盲縫成雙摺邊。
11 車縫半裙和衣身下拼接線。縫份倒向衣身端。
12 裏衣身和裏衣身下的拼接線分別熨燙活褶後，車縫。縫份倒向中心端。
13 車縫裏衣身、裏衣身下和裏前後拼接布的上下。燙開縫份。
14 裏衣身的脇邊熨燙活褶後，車縫。縫份倒向後側。
15 裏裙片的脇邊熨燙活褶後，車縫。縫份倒向後側。
16 裏裙片的下襬以2cm的三摺邊收邊。
17 車縫裏衣身下和裏裙片的拼接。縫份倒向衣身端。
18 車縫貼邊的脇邊。燙開縫份。
19 車縫貼邊和裏衣身。縫份倒向衣身端。
20 表衣身和貼邊倒針縫。
21 把裏布盲縫在拉鍊布帶上面。
22 在腰線和脇邊縫合表裙片和裏裙片。
23 把風紀釦縫在頂端。
24 縫上內衣魚骨撐（p.55 **20**）。

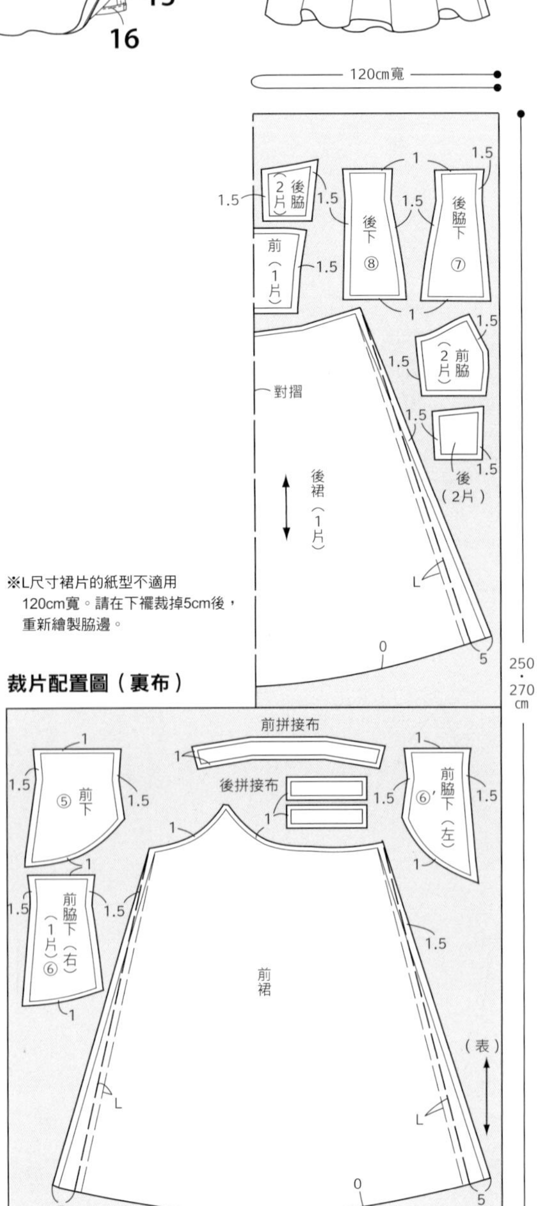

※L尺寸裙片的紙型不適用120cm寬。請在下襬裁掉5cm後，重新繪製脇邊。

裁片配置圖（裏布）

10 車縫半裙和衣身下拼接線

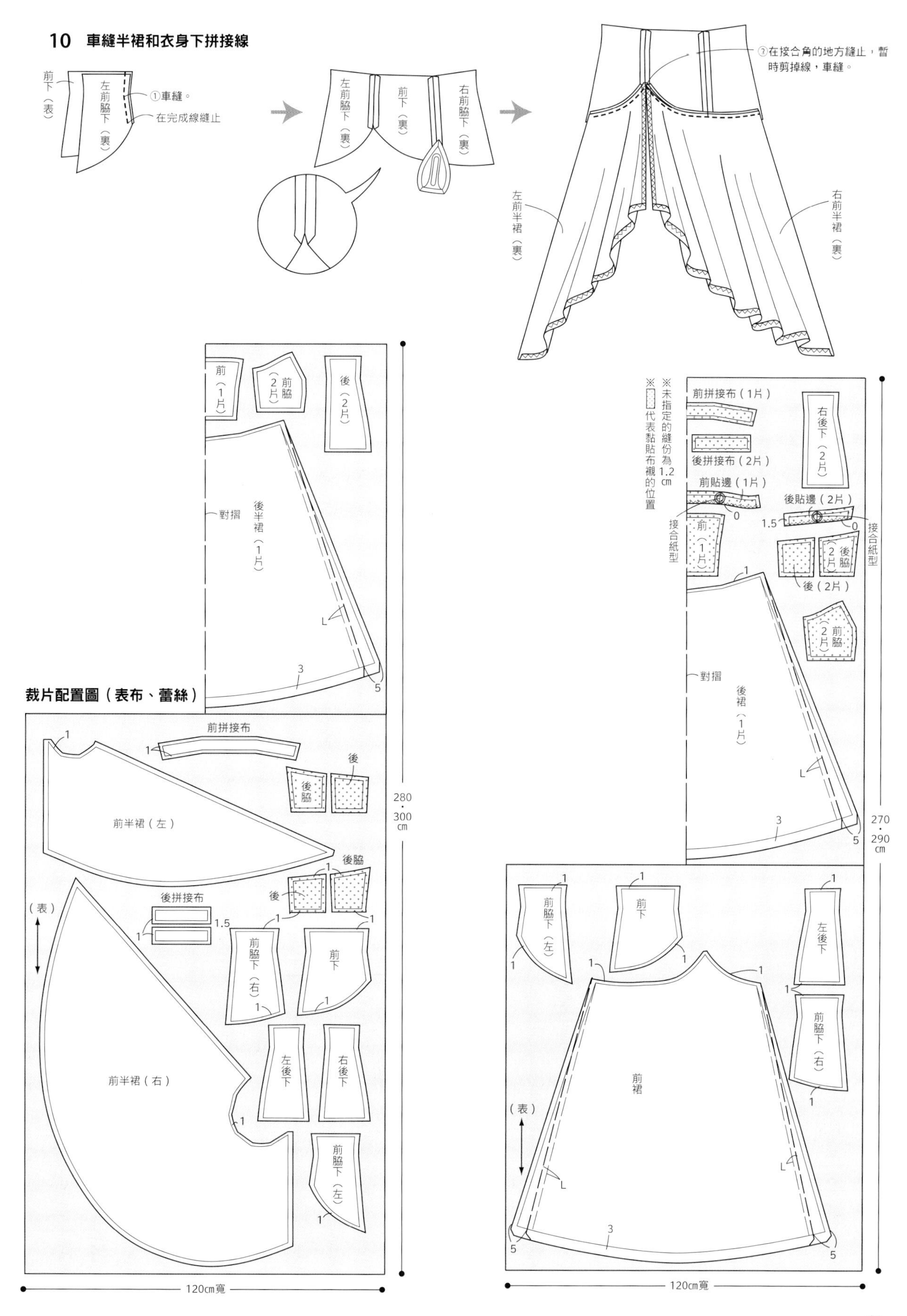

Style 3 公主線條

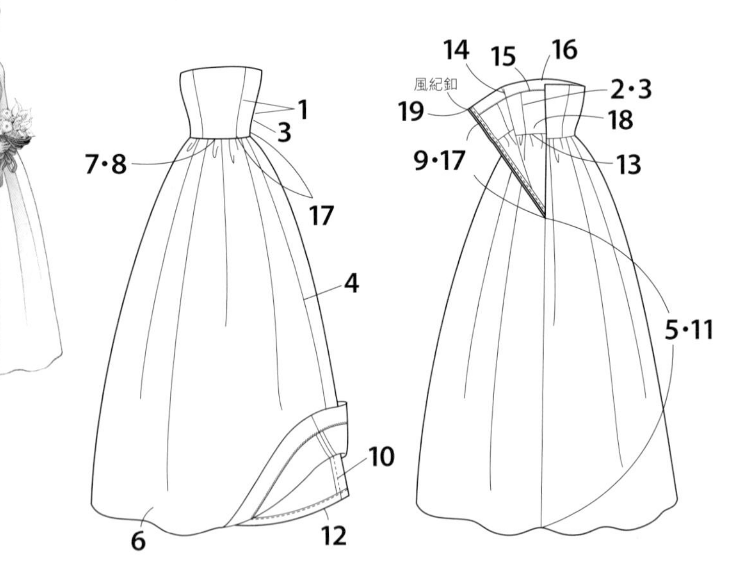

●材料

表布＝150cm寬
（S、M）2m30cm、
（ML、L）2m50cm
配布＝110cm寬
（S、M）40cm、（ML、L）50cm
裏布（裙片部分）＝90cm寬
（S、M）1m90cm、（ML、L）2m20cm
布襯＝90cm寬50cm
沙丁緞帶＝1.2cm寬1m50cm
魚骨＝0.8cm寬1m50cm
隱形拉鍊＝56cm1條
風紀釦＝1組

●準備

在表衣身和貼邊貼上布襯。貼邊背面加上M。
※M是「拷克（車布邊）」的簡稱。

●縫法順序

1 分別車縫表衣身的拼接線和脇邊。燙開縫份。
2 分別車縫裏衣身（配布）的拼接線和脇邊。燙開縫份。
3 把沙丁緞帶縫在縫份上面，穿過魚骨。
4 車縫表裙片的脇邊。燙開縫份。
5 從表裙片後中心的開口止點開始車縫至下襬。燙開縫份。
6 表裙片的下襬加上M，盲縫成雙摺邊。
7 在表衣身的腰線加上縮縫。
8 車縫表衣身和表裙片的腰線。縫份倒向衣身側。
9 車縫隱形拉鍊。
10 裏裙片的脇邊熨燙活褶後，車縫。縫份倒向後側。
11 裏裙片後中心的開口止點到下襬部份熨燙活褶後，車縫。縫份倒向右側。
12 裏裙片的下襬以2cm的三摺邊收邊。
13 車縫裏衣身和裏裙片的腰線。縫份倒向衣身端。
14 車縫貼邊的脇邊。燙開縫份。
15 車縫貼邊和裏衣身。
16 倒針縫表衣身和貼邊。
17 把裏布盲縫在拉鍊布帶上面。
18 在腰線和脇邊縫合表裙片和裏裙片。
19 把風紀釦縫在頂端。

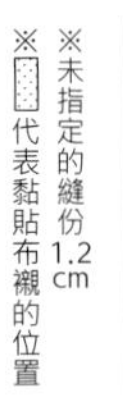

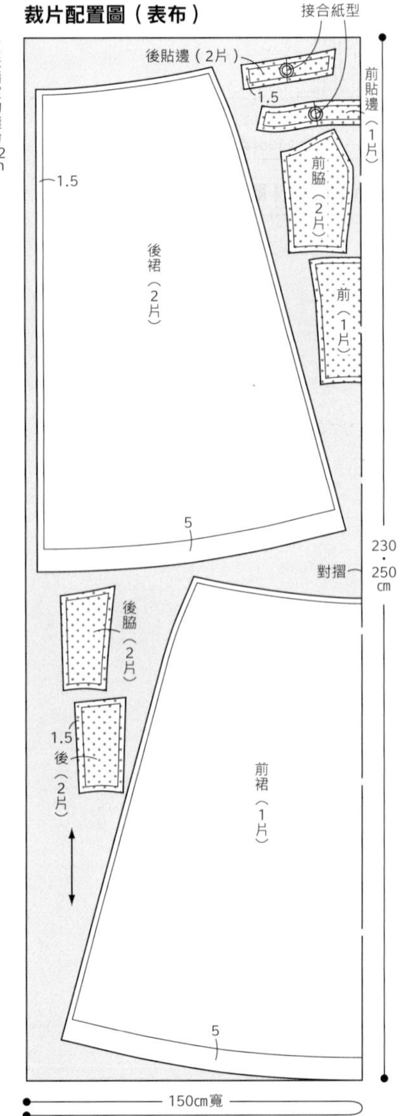

1　分別車縫表衣身的拼接線和脇邊

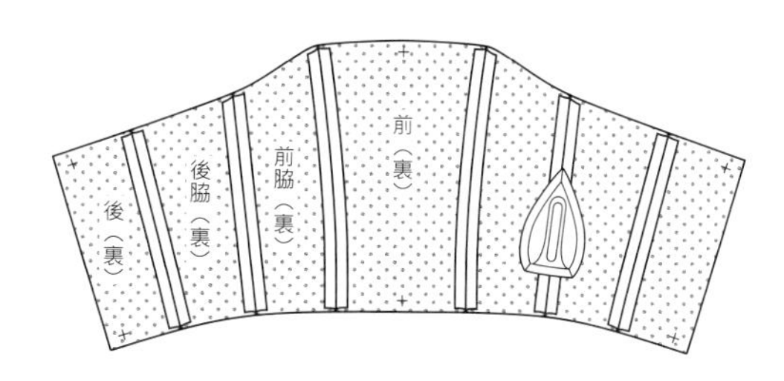

2　分別車縫表衣身（配布）的拼接線和脇邊

3　把沙丁緞帶縫於縫份，穿過魚骨

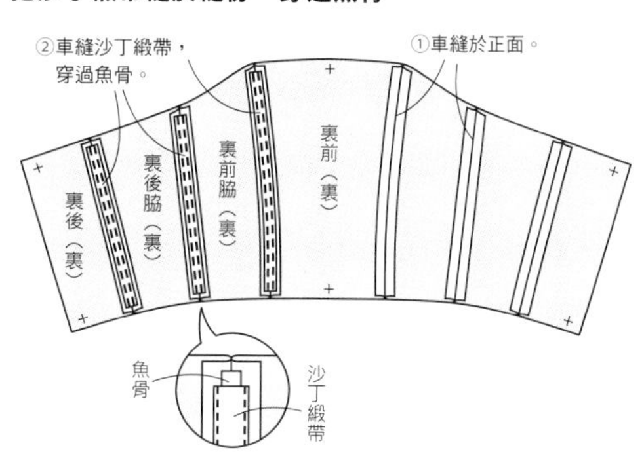

裁片配置圖（配布）

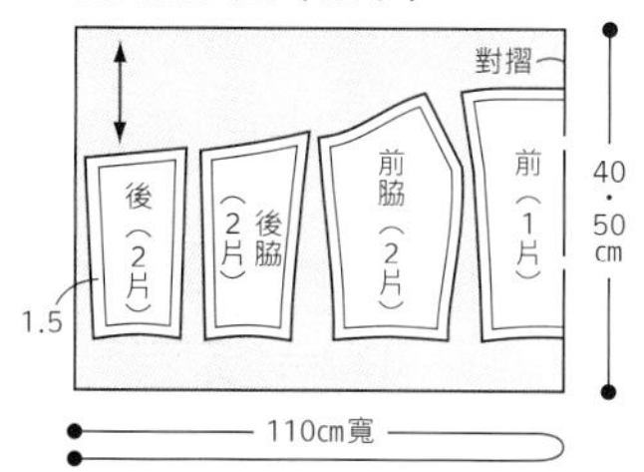

裁片配置圖（裏布）

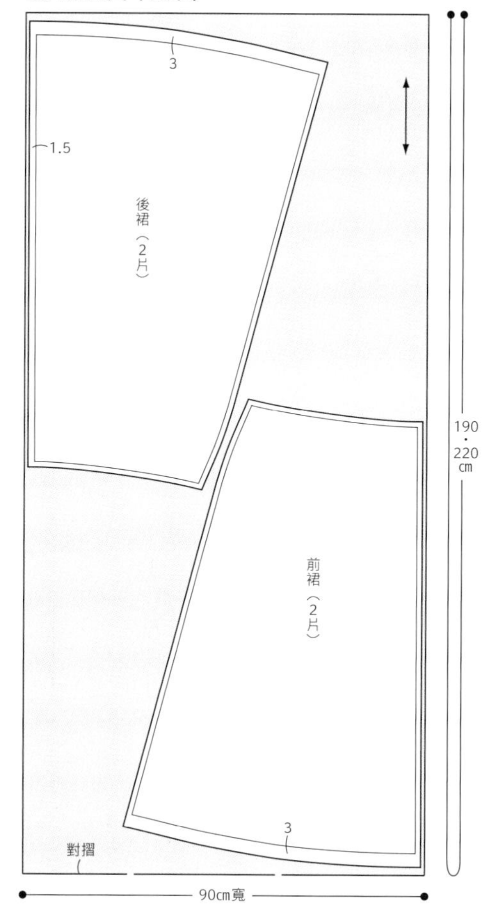

16　倒針縫表衣身和貼邊

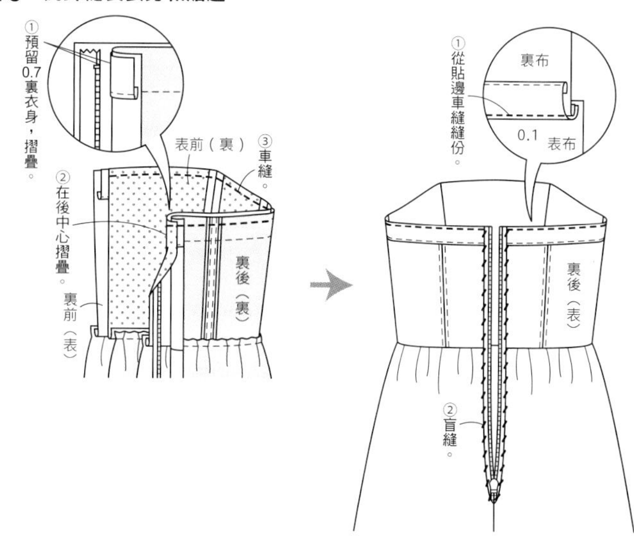

Style 3 公主線條

page 22

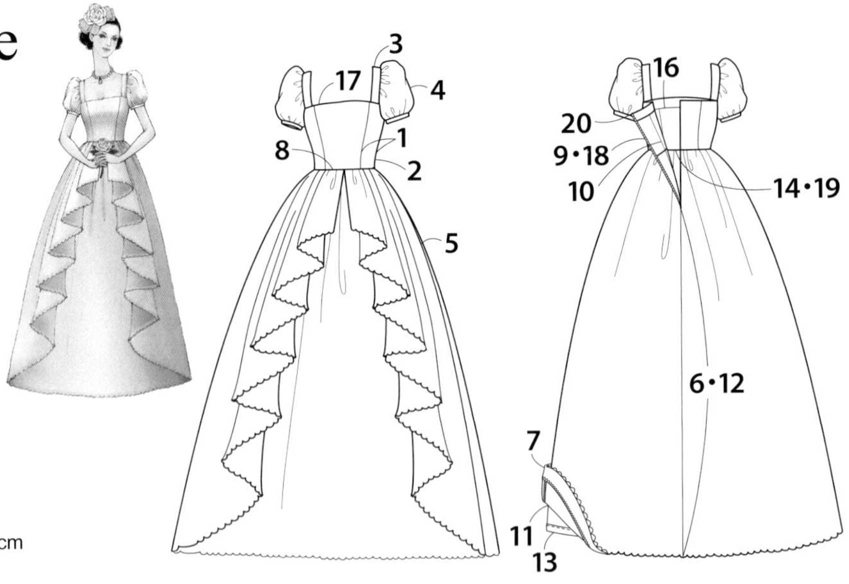

●材料

表布＝150cm寬
（S、M）5m60cm、
（ML、L）6m10cm
配布（袖子部分）＝110cm寬30cm
裏布（衣身部分）＝120cm寬40cm
裏布（裙片部分）＝90cm寬
（S、M）1m90cm、（ML、L）2m10cm
布襯＝90cm寬50cm
沙丁緞帶＝1.2cm寬1m50cm
魚骨＝0.8cm寬1m50cm
隱形拉鍊＝56cm1條
風紀釦＝1組

●準備

在表衣身和貼邊貼上布襯。貼邊背面、裙片的脇邊加上M。
※M是「拷克（車布邊）」的簡稱。

●縫法順序

1 車縫表衣身的公主線和脇邊。燙開縫份。
2 把沙丁緞帶縫在縫份上面，穿過魚骨（p.63 **3**）。
3 把肩布縫在衣身上面。
4 製作袖子，縫在衣身上面。
5 車縫表裙片的脇邊。燙開縫份。
6 從表裙片後中心的開口止點開始車縫到下襬。燙開縫份。
7 把扇形蕾絲縫在表裙片和半裙的下襬，將下襬盲縫成雙摺邊。
8 車縫表衣身和表裙片的腰線。燙開縫份。
9 車縫隱形拉鍊。
10 裏衣身的公主線和脇邊熨燙活褶後，車縫。公主線的縫份倒向中心端，脇邊的縫份倒向後側。
11 裏裙片的脇邊熨燙活褶後，車縫。脇邊的縫份倒向後側。
12 從裏裙片後中心的開口止點開始熨燙活褶至下襬後，車縫。縫份倒向右側。
13 裏裙片的下襬以2cm的三摺邊收邊。
14 車縫裏衣身和裏裙片的腰線。縫份倒向裙片端。
15 車縫貼邊的脇邊。燙開縫份。
16 車縫貼邊和裏衣身。縫份倒向衣身端。
17 倒針縫表衣身和貼邊。
18 把裏布盲縫在拉鍊布帶上面。
19 在腰線和脇邊縫合表裙片和裏裙片。
20 把風紀釦縫在頂端。

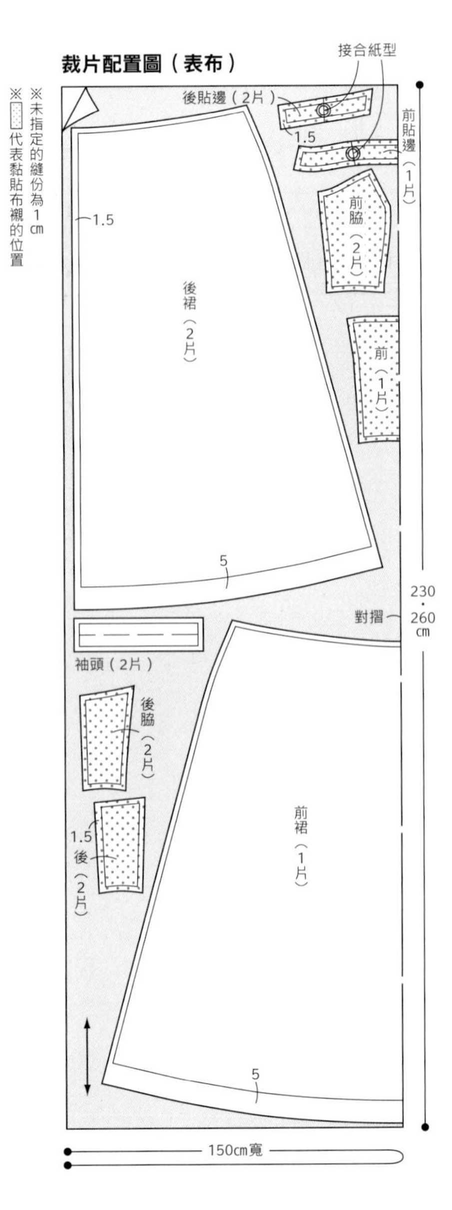

4 製作袖子，縫於衣身

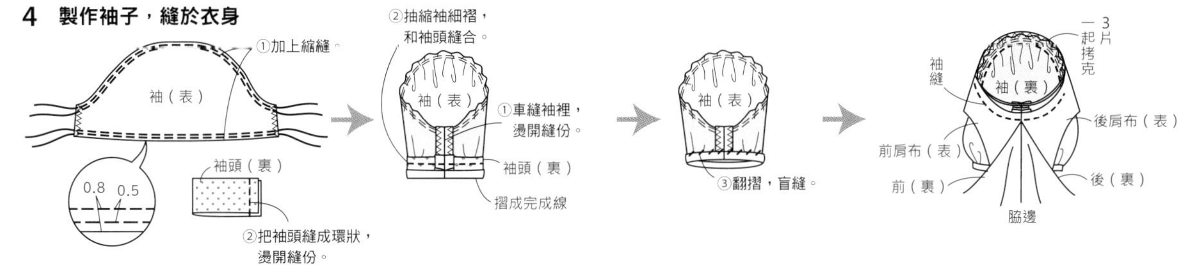

裁片配置圖（配布）

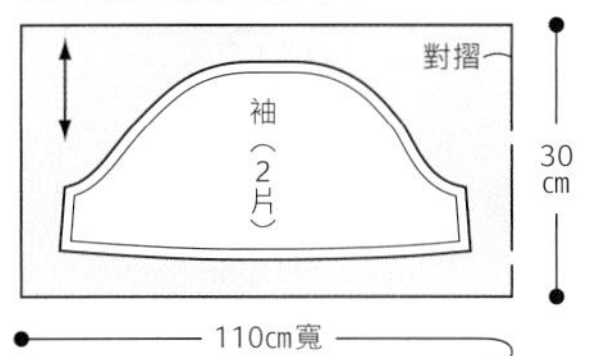

裁片配置圖（裏布）

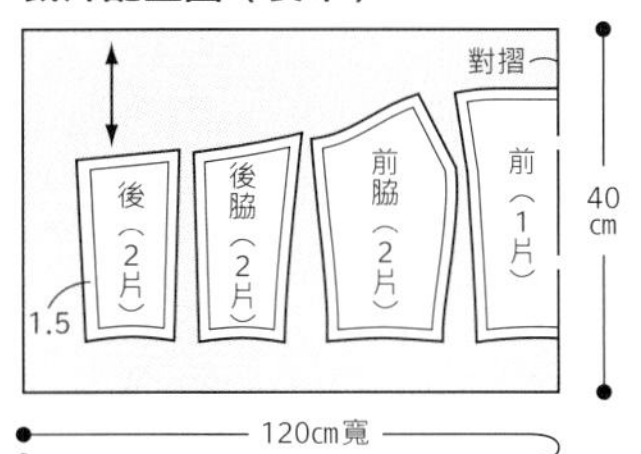

裁片配置圖（裏布）

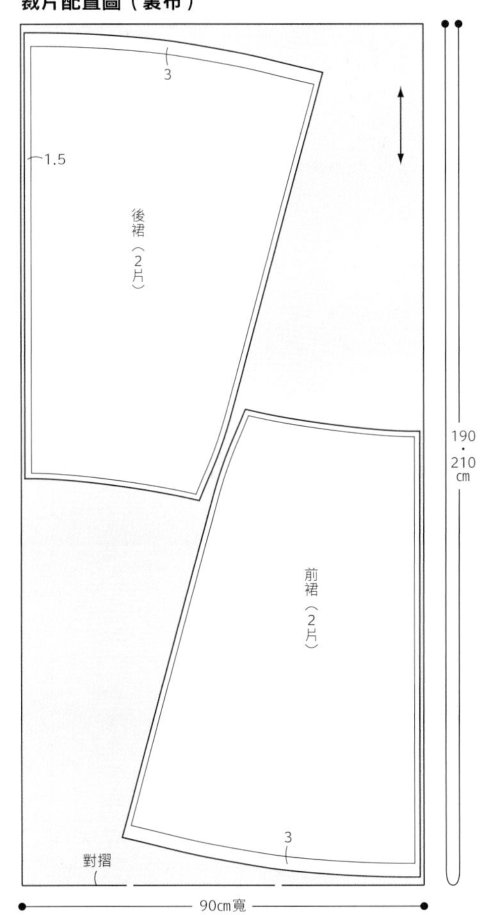

7 把扇形蕾絲縫在表裙片和半裙的下襬

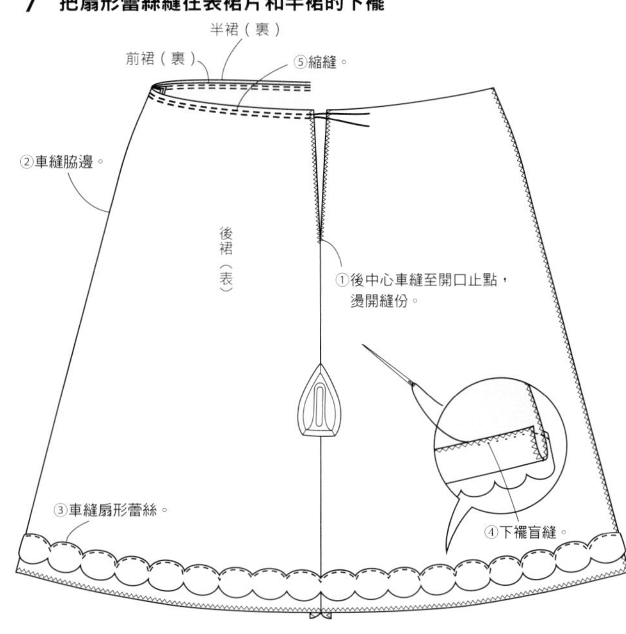

裁片配置圖（表布）

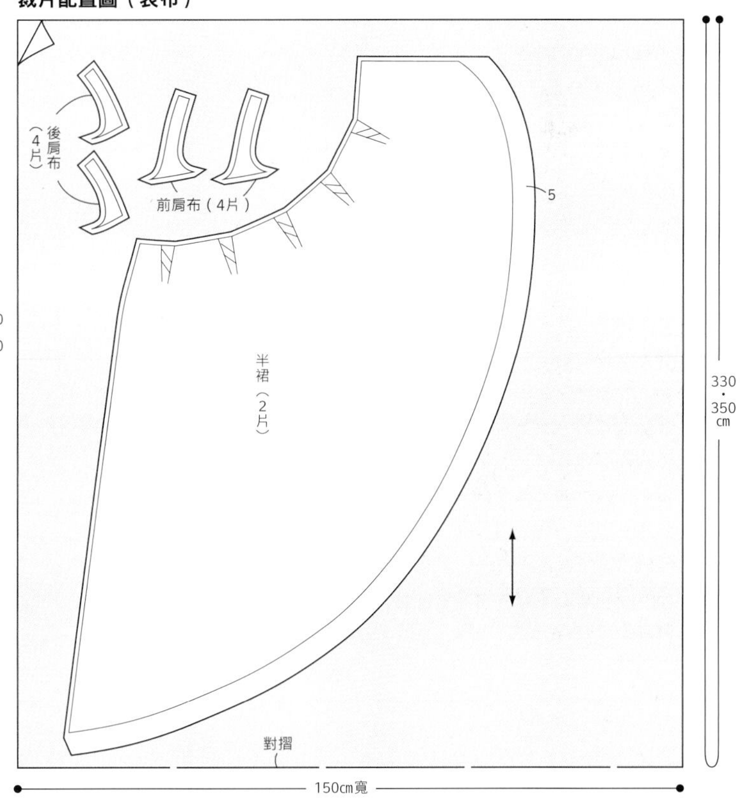

Princess line

Style 3 公主線條

應用 2 page 24

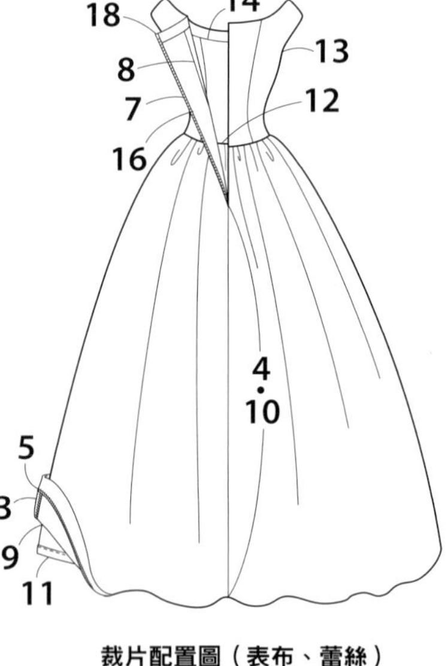

●材料

表布＝150cm寬
（S、M）2m50cm、
（ML、L）2m70cm
蕾絲＝150cm寬
（S、M）2m30cm、（ML、L）2m50cm
配布（衣身部分）＝120cm寬
（S、M）40cm、（ML、L）50cm
裏布（裙片部分）＝90cm寬
（S、M）1m90cm、（ML、L）2m10cm
布襯＝90cm寬50cm
沙丁緞帶＝1.2cm寬1m50cm
魚骨＝0.8cm寬1m50cm
隱形拉鍊＝56cm1條
風紀釦＝1組

●準備

在表衣身和貼邊貼上布襯。
蕾絲假縫。

●縫法順序

1 車縫表衣身的公主線和脇邊。燙開縫份。
2 把沙丁緞帶縫在縫份上面，穿過魚骨。
3 車縫表裙片的脇邊。燙開縫份。
4 從表裙片後中心的開口止點車縫至下襬。燙開縫份。
5 把表裙片的下襬盲縫成雙摺邊。
6 車縫表衣身和表裙片的腰線。燙開縫份。
7 車縫隱形拉鍊。
8 車縫裏衣身的公主線和脇邊。燙開縫份。
9 裏衣身的脇邊熨燙活褶後，車縫。縫份倒向後側。
10 從裏裙片後中心的開口止點開始熨燙活褶至下襬，車縫。縫份倒向右側。
11 裏裙片的下襬以2cm的三摺邊收邊。
12 車縫裏衣身和裏裙片的腰線。縫份倒向裙片端。
13 車縫貼邊的脇邊。燙開縫份。
14 車縫貼邊和裏衣身。燙開縫份。
15 倒針縫表衣身和貼邊。
16 把裏布盲縫在拉鍊布帶上面。
17 在腰線和脇邊縫合表裙片和裏裙片。
18 把風紀釦縫在頂端。

裁片配置圖（表布、蕾絲）

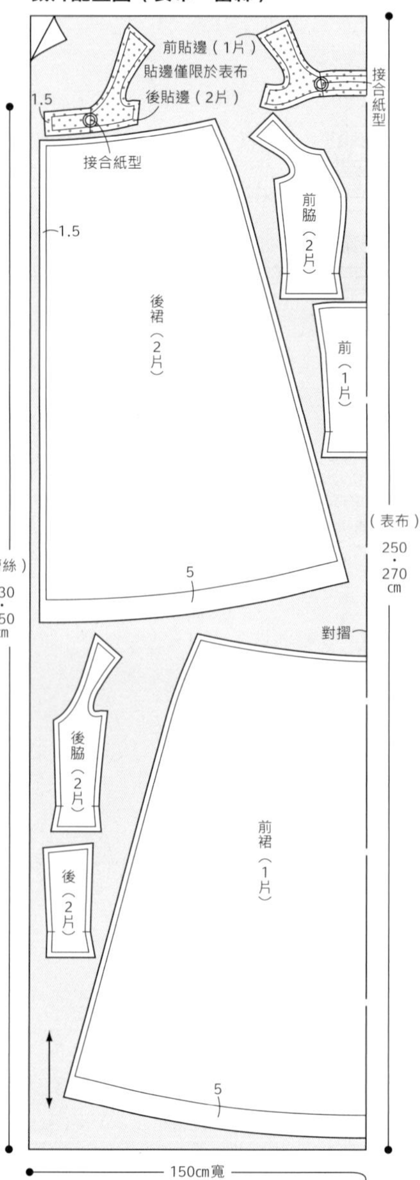

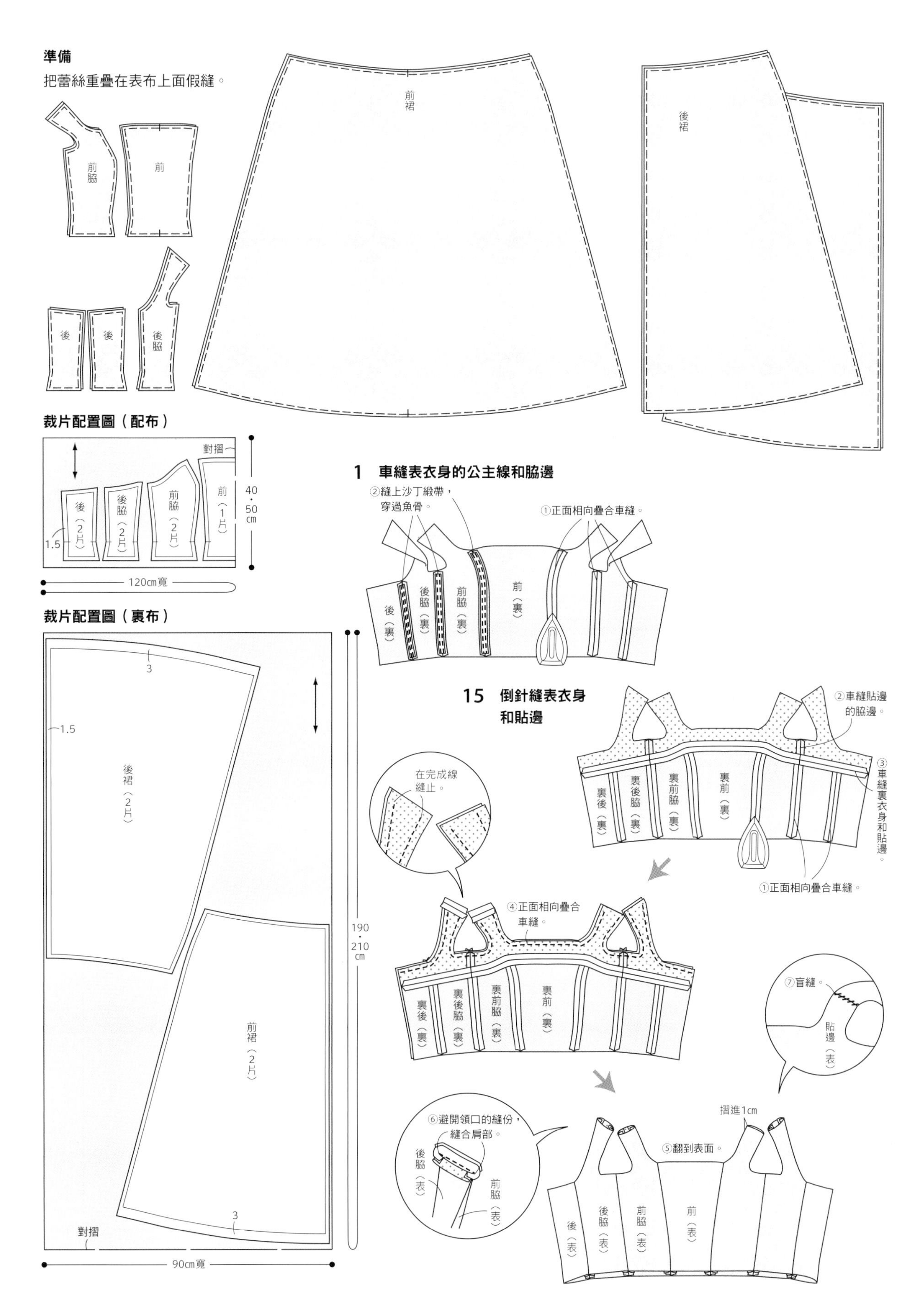
準備
把蕾絲重疊在表布上面假縫。
前脇
前
後
後
後脇
前裙
後裙
裁片配置圖（配布）
對摺
後（2片）
後脇（2片）
前脇（2片）
前（1片）
1.5
40・50cm
120cm寬
裁片配置圖（裏布）
3
1.5
後裙（2片）
前裙（2片）
3
對摺
190・210cm
90cm寬
1 車縫表衣身的公主線和脇邊
②縫上沙丁緞帶，穿過魚骨。
①正面相向疊合車縫。
後（裏）
後脇（裏）
前脇（裏）
前（裏）
15 倒針縫表衣身和貼邊
②車縫貼邊的脇邊。
③車縫裏衣身和貼邊。
裏後（裏）
裏後脇（裏）
裏前脇（裏）
裏前（裏）
①正面相向疊合車縫。
在完成線縫止。
④正面相向疊合車縫。
裏後（裏）
裏後脇（裏）
裏前脇（裏）
裏前（裏）
⑦盲縫。
貼邊（表）
摺進1cm
⑤翻到表面。
⑥避開領口的縫份，縫合肩部。
後脇（表）
前脇（表）
後（表）
後脇（表）
前脇（表）
前（表）

Princess line

Style 3 公主線條

應用 3 page 26

●材料

表布＝150cm寬
（S、M）2m30cm、（ML、L）2m50cm
配布＝150cm寬
（S、M）2m80cm、（ML、L）3m10cm
裏布＝120cm寬
（S、M）2m50cm、（ML、L）2m70cm
布襯＝90cm寬50cm
沙丁緞帶＝1.2cm寬1m50cm
魚骨＝0.8cm寬1m50cm
隱形拉鍊＝56cm1條
風紀釦＝1組
扇形蕾絲＝3cm寬
（S、M）3m、（ML、L）3m50cm

●準備

在表衣身和貼邊貼上布襯。
半裙的下襬和脇邊用M收邊，把針織蕾絲車縫固定於裙襬，蕾絲貼飾採用盲縫。
※M是「拷克（車布邊）」的簡稱。

●縫法順序

1 車縫表衣身的公主線和脇邊。燙開縫份。
2 把沙丁緞帶縫在縫份上面，穿過魚骨（p.63 **3**）。
3 把肩布縫於衣身。
4 製作袖子，縫在肩布上面。
5 分別車縫表裙片和半裙的脇邊。燙開縫份。
6 從表裙片和半裙後中心的開口止點開始車縫至下襬。燙開縫份。
7 把表裙片的下襬盲縫成雙摺邊。
8 車縫表衣身和表裙片的腰線。燙開縫份。
9 車縫隱形拉鍊。
10 裏衣身的公主線和脇邊熨燙活褶後，車縫。公主線的縫份倒向中心端，脇邊的縫份倒向後側。
11 裏裙片的脇邊熨燙活褶後，車縫。縫份倒向後側。
12 從裏裙片後中心的開口止點開始熨燙活褶至下襬後，車縫。縫份倒向右側。
13 裏裙片的下襬以2cm的三摺邊收邊。
14 車縫裏衣身和裏裙片的腰線。縫份倒向裙片端。
15 車縫貼邊的脇邊。燙開縫份。
16 車縫貼邊和裏衣身。縫份倒向衣身端。
17 倒針縫表衣身和貼邊。
18 把裏布盲縫在拉鍊布帶上面。
19 在腰線和脇邊縫合表裙片和裏裙片。
20 把風紀釦縫在頂端。

※未指定的縫份為1.2cm
※▒代表黏貼布襯的位置

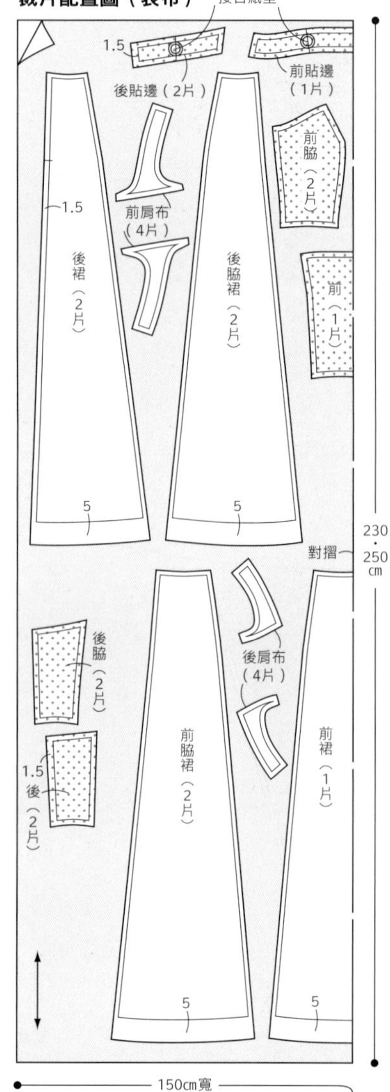

※表布、裏布的裙片使用和「A線條 基本」相同的紙型。

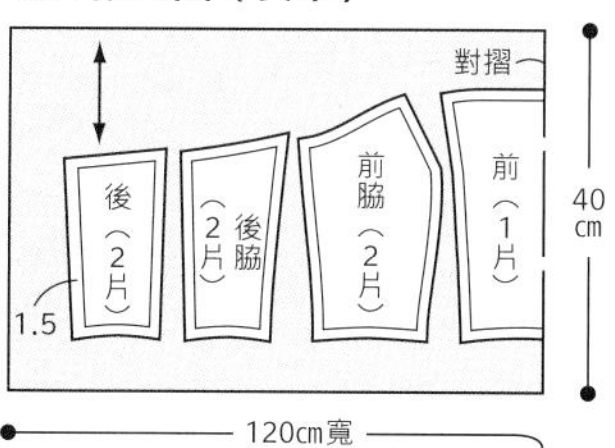

裁片配置圖（配布）

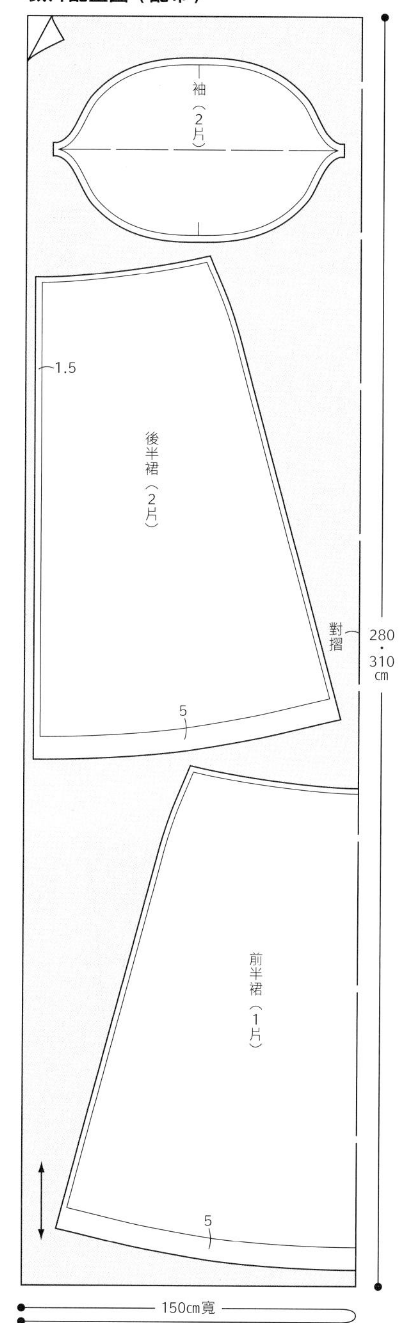

●準備

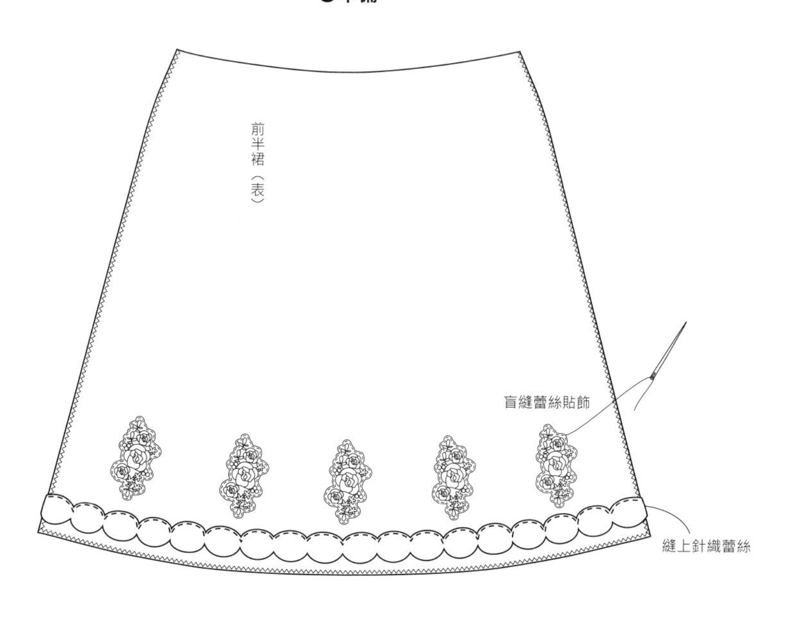

裁片配置圖（裏布）

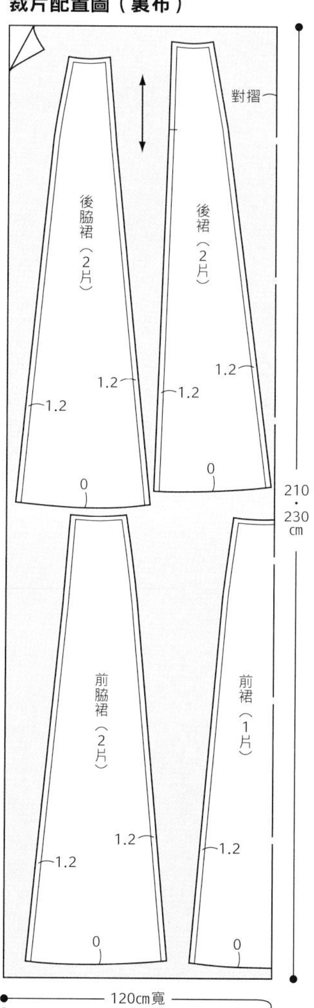

4 製作袖子，縫於肩布

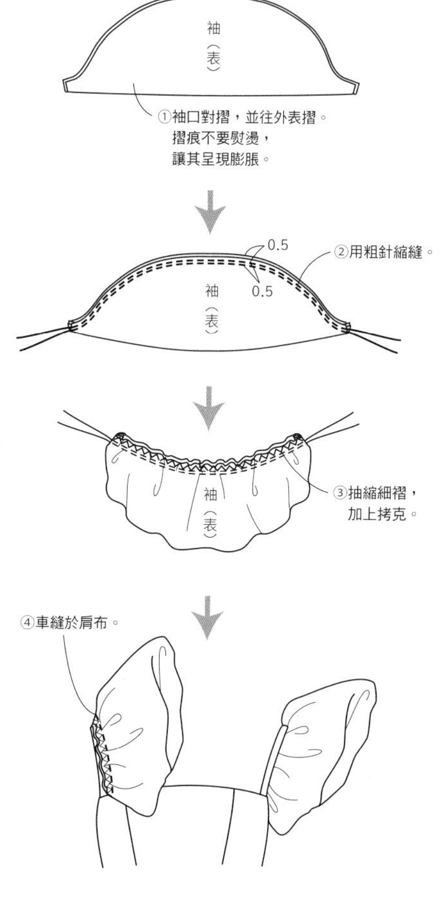

Mermaid line

Style 4 人魚線

page 28

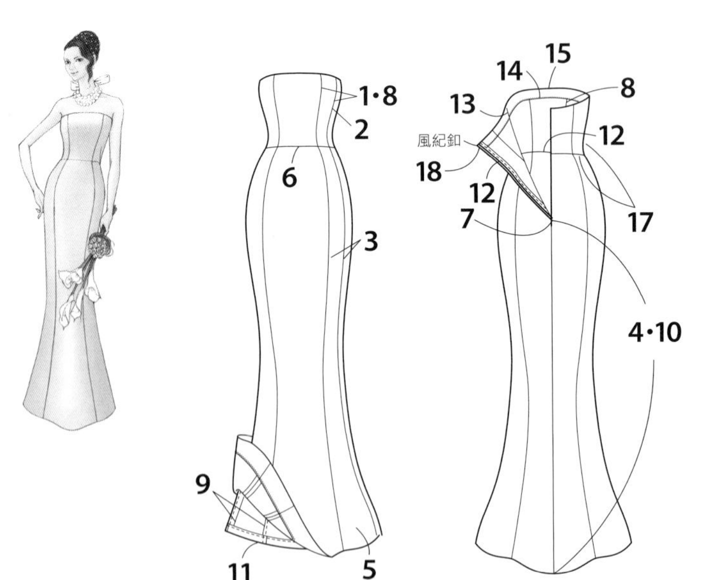

●材料

表布＝150cm寬

（S、M）2m30cm、（ML、L）2m60cm

裏布＝120cm寬

（S、M）2m60cm、（ML、L）2m90cm

布襯＝90cm寬

（S、M）50cm、（ML、L）60cm

隱形拉鍊＝56cm1條

沙丁緞帶＝1.2cm寬1m

魚骨＝0.8cm寬1m

風紀釦＝1組

●準備

在後片、後脇、前脇、前片、後貼邊、前貼邊貼上布襯。裙片熨平。

※M是「拷克（車布邊）」的簡稱。

●縫法順序

1 車縫表衣身的拼接線和脇邊。燙開縫份。

2 把沙丁緞帶縫在脇邊縫份上面，穿過魚骨（p.47 **2**）。

3 車縫表裙片的拼接線和脇邊。燙開縫份。

4 從表裙片後中心的開口止點開始車縫至下襬。燙開縫份。

5 表裙片的下襬加上M，盲縫成雙摺邊。

6 車縫表衣身和表裙片的腰線。燙開縫份。

7 車縫隱形拉鍊。

8 裏衣身的拼接線和脇邊熨燙活褶後，車縫。拼接線的縫份倒向中心端，脇邊的縫份倒向後側。

9 裏裙片的拼接線和脇邊熨燙活褶後，車縫。拼接線的縫份倒向中心端，脇邊的縫份倒向後側。

10 從裏裙片後中心的開口止點熨燙活褶至下襬後，車縫。縫份倒向右側。

11 裏裙片的下襬以2cm的三摺邊收邊。

12 車縫裏衣身和裏裙片的腰線。縫份倒向裙片端。

13 車縫貼邊的脇邊。燙開縫份。

14 車縫貼邊和裏衣身。縫份倒向衣身端。

15 倒針縫表衣身和貼邊。

16 把裏布盲縫在拉鍊布帶上面。

17 在腰線和脇邊縫合表裙片和裏裙片。

18 把風紀釦縫在頂端。

裁片配置圖（表布）

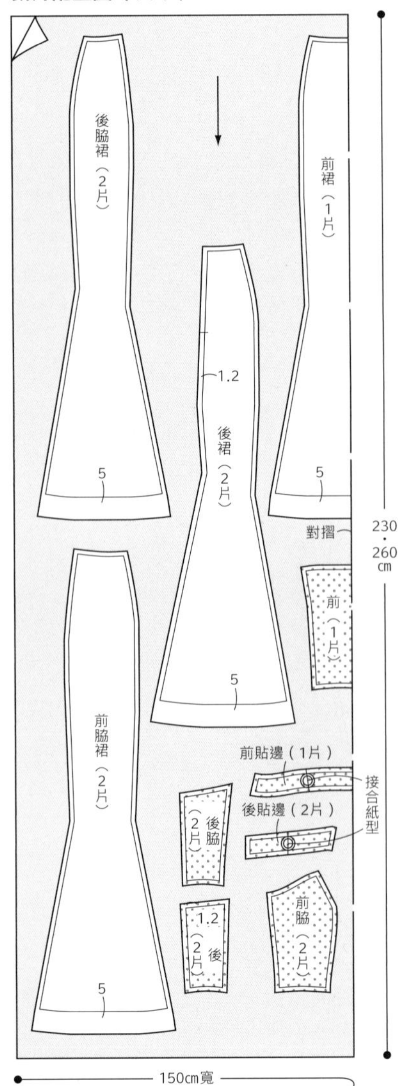

準備　熨平裙片

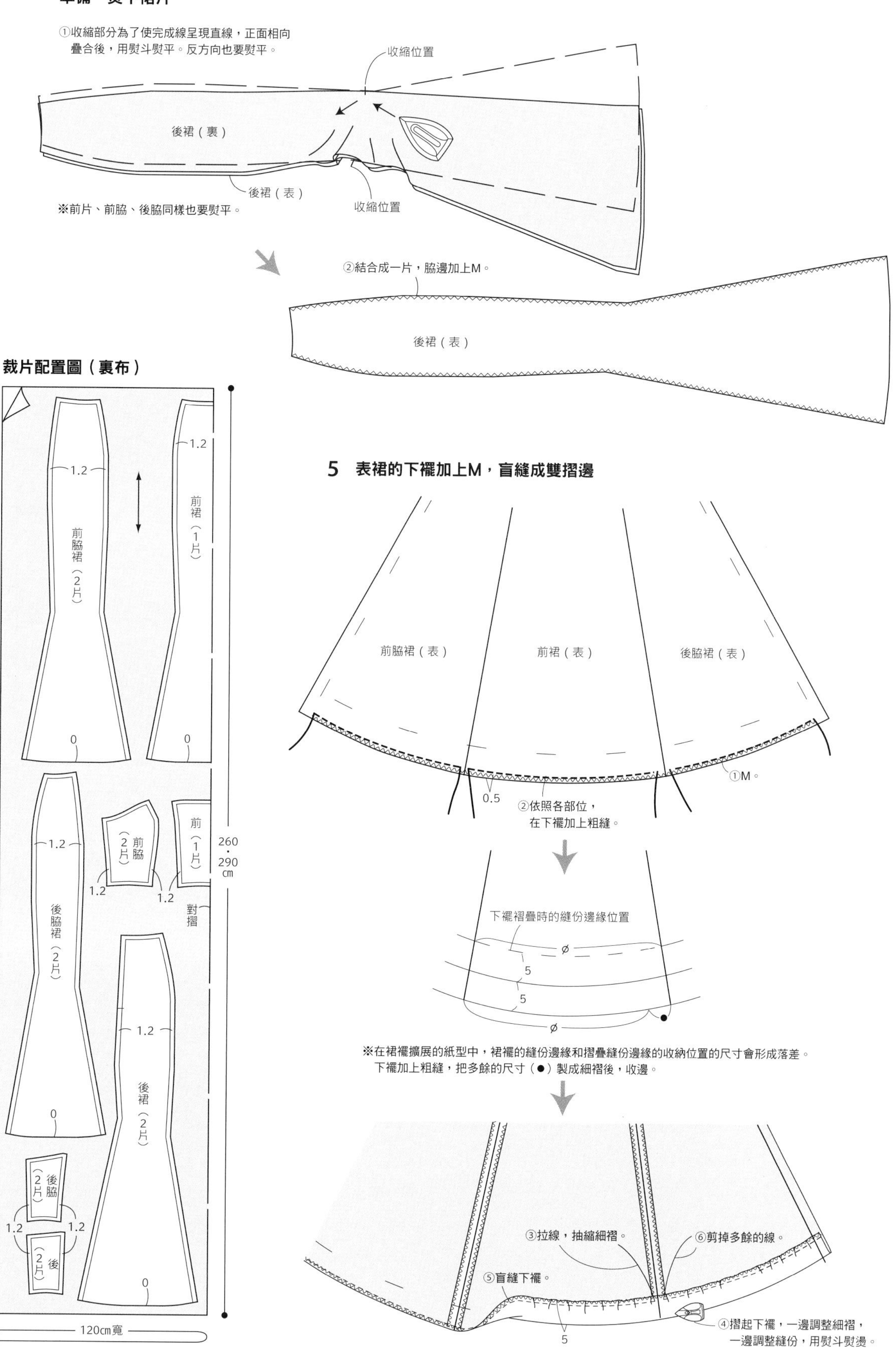

①收縮部分為了使完成線呈現直線，正面相向疊合後，用熨斗熨平。反方向也要熨平。
收縮位置
後裙（裏）
後裙（表）
收縮位置
※前片、前脇、後脇同樣也要熨平。
②結合成一片，脇邊加上M。
後裙（表）
裁片配置圖（裏布）
1.2
前脇裙（2片）
0
1.2
前裙（1片）
0
1.2
後脇裙（2片）
0
前脇（2片）
1.2
1.2
前（1片）
對摺
1.2
後裙（2片）
0
後脇（2片）
1.2
1.2
後（2片）
260・290cm
120cm寬
5　表裙的下襬加上M，盲縫成雙摺邊
前脇裙（表）
前裙（表）
後脇裙（表）
①M。
0.5
②依照各部位，在下襬加上粗縫。
下襬褶疊時的縫份邊緣位置
ø
5
5
ø
※在裙襬擴展的紙型中，裙襬的縫份邊緣和摺疊縫份邊緣的收納位置的尺寸會形成落差。下襬加上粗縫，把多餘的尺寸（●）製成細褶後，收邊。
③拉線，抽縮細褶。
⑥剪掉多餘的線。
⑤盲縫下襬。
5
④摺起下襬，一邊調整細褶，一邊調整縫份，用熨斗熨燙。

Mermaid line

Style 4 人魚線

應用 1 page 30

●材料

表布＝150cm寬

（S、M）3m50cm、

（ML、L）3m80cm

裏布＝120cm寬

（S、M）1m70cm、（ML、L）1m90cm

配布＝110cm寬70cm

布襯＝90cm寬20cm

隱形拉鍊＝56cm1條

滾邊條＝1.4cm寬1m

風紀釦＝1組

●準備

在後貼邊、前貼邊貼上布襯。

※M是「拷克（車布邊）」的簡稱。

●縫法順序

1 車縫表衣身的拼接線和脇邊。燙開縫份。

2 車縫剪接片的肩，2片一起加上M。縫份倒向後側。

3 後中心製成三摺邊，在不影響表面的情況下盲縫。

4 車縫表衣身和剪接片。縫份倒向下方。

5 領口和袖襱收邊（p.49 **6**）。

6 從後中心的開口止點開始車縫至下襬。燙開縫份。

7 車縫隱形拉鍊。

8 裙襬褶飾邊胚布的脇邊加上M，車縫脇邊。燙開縫份。

9 裙襬褶飾邊胚布的下襬製成雙摺邊後，加上M。

10 縫合衣身和裙襬褶飾邊胚布。

11 裙襬褶飾邊的脇邊加上M，車縫脇邊。燙開縫份。

12 把裙襬褶飾邊縫在胚布上面。

13 裏衣身的拼接線和脇邊熨燙活褶後，車縫。縫份倒向後側。

14 從裏衣身後中心的開口止點開始熨燙活褶至下襬後，車縫。縫份倒向右側。

15 車縫貼邊的脇邊。燙開縫份。

16 車縫貼邊和裏衣身。縫份倒向裏衣身端。

17 剪接片夾在表衣身和貼邊之間，倒針縫。

18 把裏布盲縫在拉鍊布帶上面。

19 把釦環和鈕扣縫在剪接片上緣（p.49 **26**）。

20 製作袖褶飾邊。

裁片配置圖（表布）

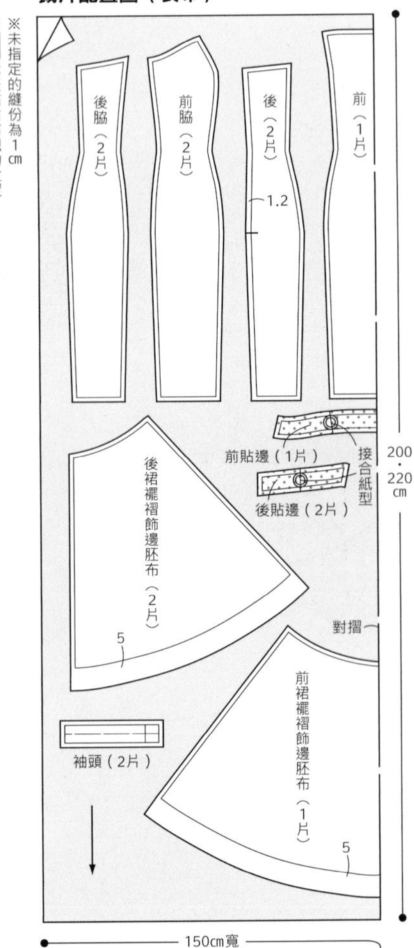

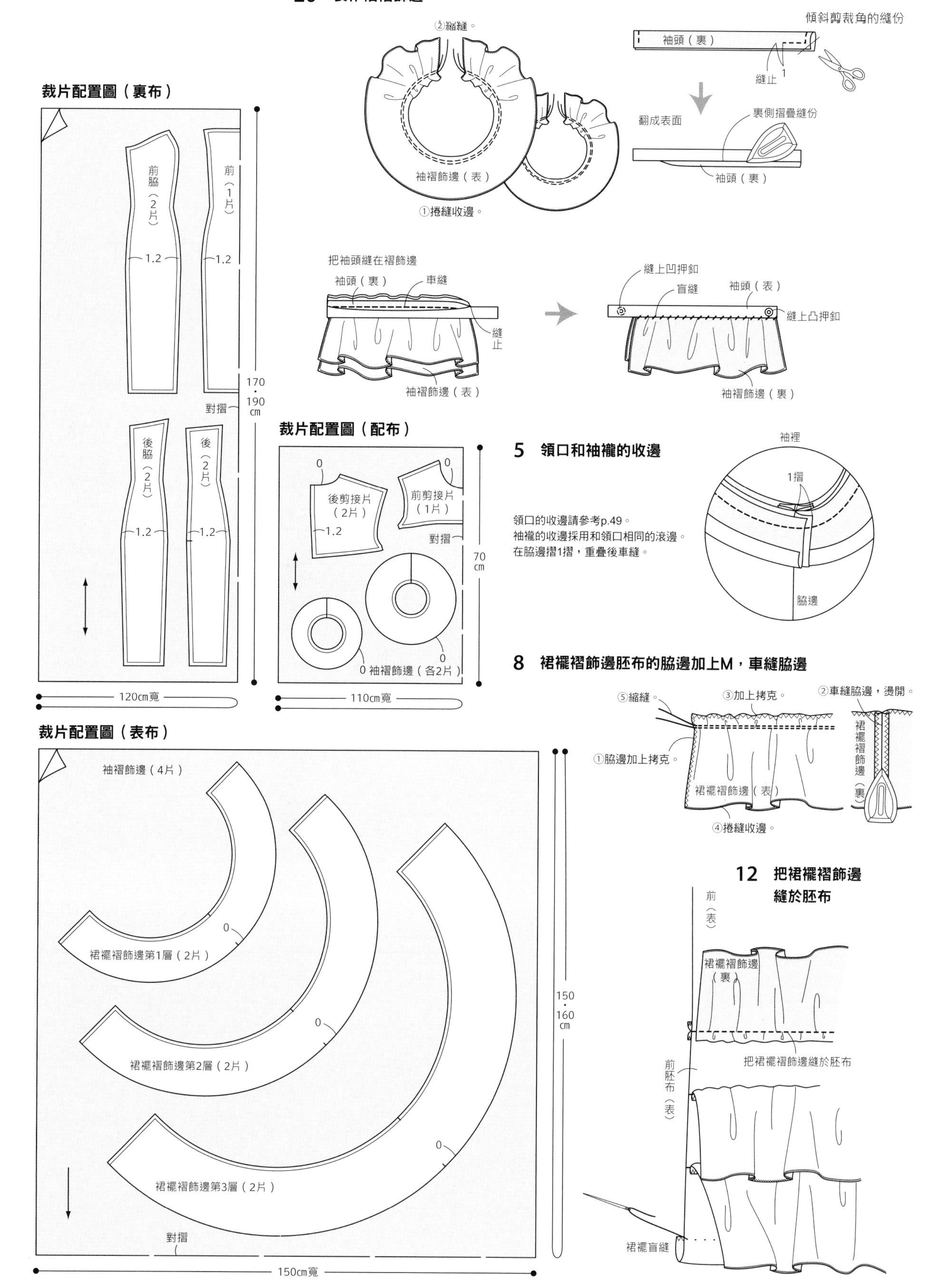
20 製作袖褶飾邊
②縮縫。
袖褶飾邊（表）
①捲縫收邊。
傾斜剪裁角的縫份
袖頭（裏）
縫止
1
翻成表面
裏側摺疊縫份
袖頭（裏）
把袖頭縫在褶飾邊
袖頭（裏）
車縫
縫止
袖褶飾邊（表）
縫上凹押釦
盲縫
袖頭（表）
縫上凸押釦
袖褶飾邊（裏）
裁片配置圖（裏布）
前脇（2片）
前（1片）
1.2
1.2
170・190cm
對摺
後脇（2片）
後（2片）
1.2
1.2
120cm寬
裁片配置圖（配布）
0
0
後剪接片（2片）
前剪接片（1片）
1.2
對摺
70cm
0
0 袖褶飾邊（各2片）
110cm寬
5 領口和袖襬的收邊
領口的收邊請參考p.49。
袖襬的收邊採用和領口相同的滾邊。
在脇邊摺1摺，重疊後車縫。
袖裡
1摺
脇邊
8 裙襬褶飾邊胚布的脇邊加上M，車縫脇邊
⑤縮縫。
③加上拷克。
②車縫脇邊，燙開。
①脇邊加上拷克。
裙襬褶飾邊（表）
④捲縫收邊。
裙襬褶飾邊（裏）
裁片配置圖（表布）
袖褶飾邊（4片）
0
裙襬褶飾邊第1層（2片）
0
裙襬褶飾邊第2層（2片）
0
裙襬褶飾邊第3層（2片）
對摺
150・160cm
150cm寬
12 把裙襬褶飾邊縫於胚布
前（表）
裙襬褶飾邊（裏）
把裙襬褶飾邊縫於胚布
前胚布（表）
裙襬盲縫

Mermaid line

Style 4 人魚線

應用 2 page 32

●材料

表布＝150cm寬
（S、M）2m30cm、
（ML、L）2m50cm
裏布＝120cm寬
（S、M）2m50cm、（ML、L）2m70cm
配布＝110cm寬30cm
配布（蕾絲）＝140cm寬2m60cm
布襯＝90cm寬20cm
隱形拉鍊＝56cm1條
魚骨＝0.8cm寬
（S、M）2m10cm、（ML、L）2m30cm
滾邊條＝1.2cm寬
（S、M）2m10cm、（ML、L）2m30cm
珍珠＝直徑1.5cm（S）48顆、（M）50顆、
（ML）52顆、（L）54顆
風紀釦＝1組、押釦＝直徑1.5cm2組

●準備

在後貼邊、前貼邊貼上布襯。
※M是「拷克（車布邊）」的簡稱。

●縫法順序

1 車縫表衣身的拼接線和脇邊。燙開縫份。
2 前剪接片的脇邊收邊，加上縮縫。
3 車縫衣領。
4 縫合衣領和前剪接片。
5 從後中心的開口止點開始車縫至下襬。燙開縫份。
6 車縫隱形拉鍊。
7 車縫表裙片的脇邊。燙開縫份。
8 把裙片的下襬盲縫成雙摺邊。
9 車縫衣身和裙片。縫份倒向下方。
10 裏衣身的拼接線和脇邊熨燙活褶後，車縫。拼接線的縫份倒向中心端，脇邊的縫份倒向後側。
11 從裏衣身後中心的開口止點開始熨燙活褶至下襬後，車縫。縫份倒向右側。
12 裏裙片的脇邊熨燙活褶後，車縫。縫份倒向後方。
13 裏裙片的下襬用滾邊條收邊，穿進魚骨。
14 車縫貼邊的脇邊。燙開縫份。
15 車縫貼邊和裏衣身。縫份倒向裏衣身端。
16 把前剪接片夾進表衣身和貼邊之間，倒針縫。
17 把裏布盲縫在拉鍊布帶上面。
18 把釦環縫在表裙片和裏裙片上面。
19 把風紀釦縫在頂端。
20 把珍珠縫在衣領上面。
21 製作披風和緞帶。

裁片配置圖（表布）

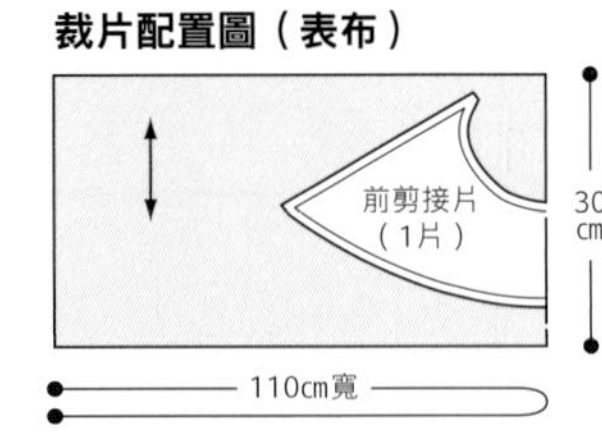

裁片配置圖（裏布）

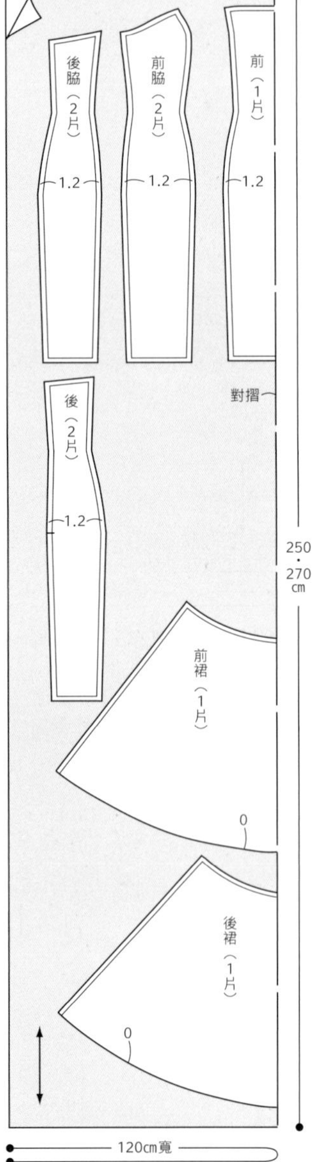

※未指定的縫份為1cm
※▒代表黏貼布襯的位置

裁片配置圖（表布）

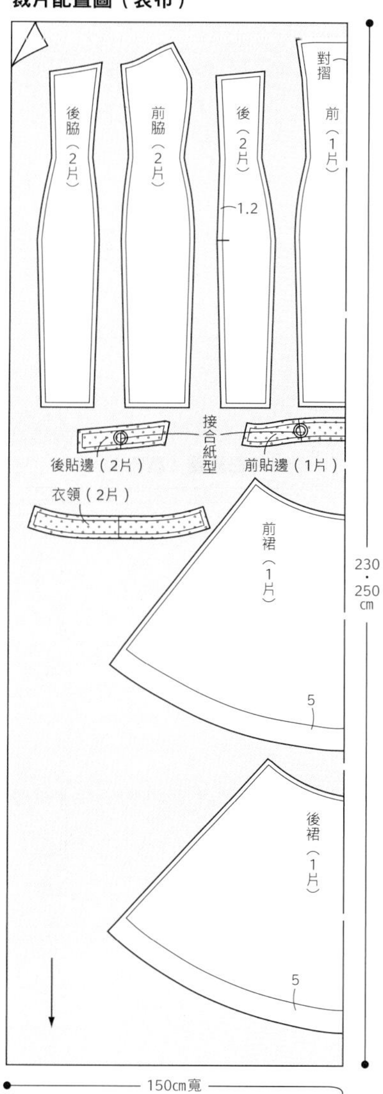

2 前剪接片的脇邊收邊，加上縮縫

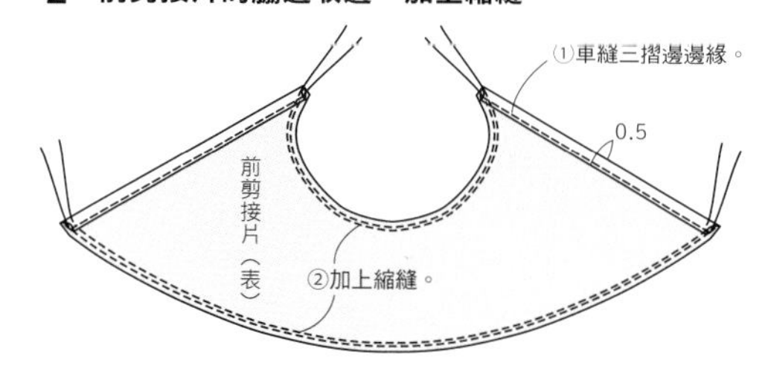

3 車縫衣領

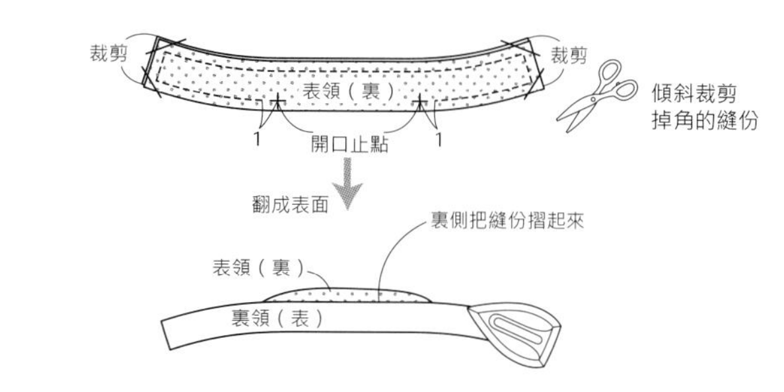

4 縫合衣領和前剪接片

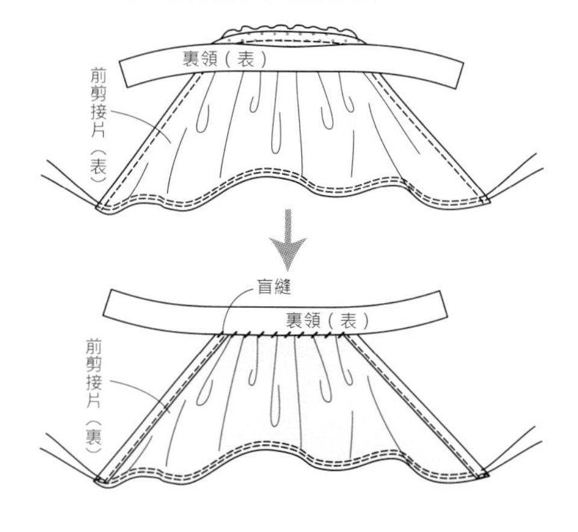

13 把魚骨穿進裏裙片的下襬

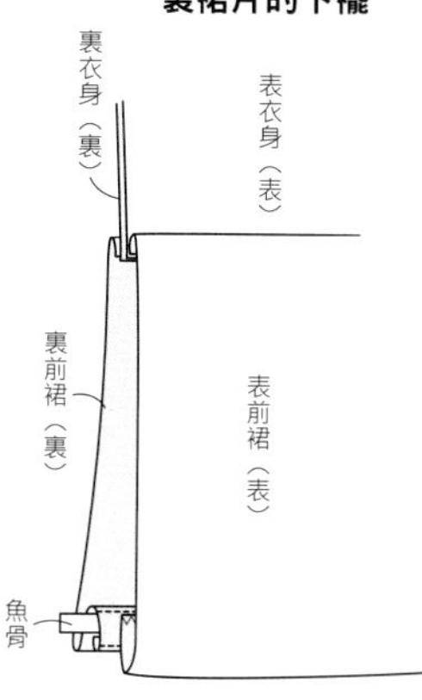

裁片配置圖（配布）※披風和緞帶的裁片配置圖的尺寸，直線剪裁。

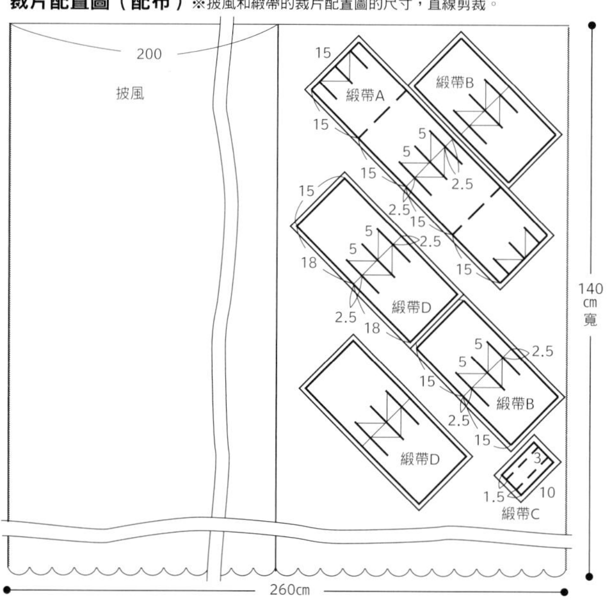

21 製作緞帶和披風

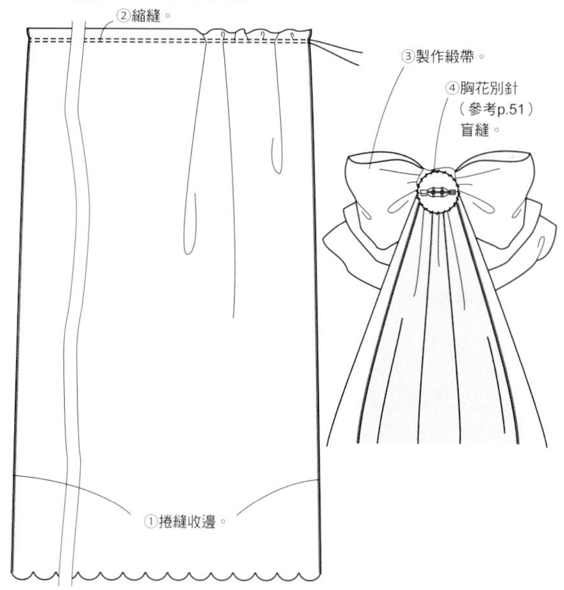

Mermaid line

Style 4 人魚線

應用 3 page 34

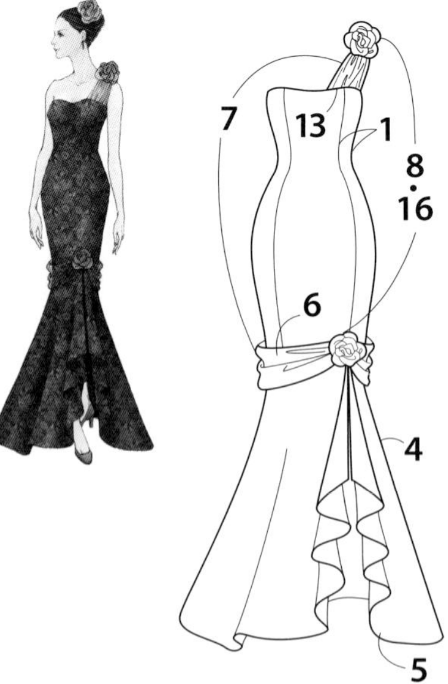

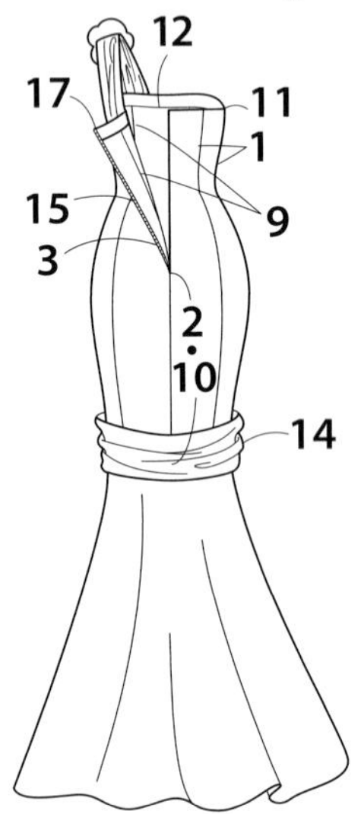

●材料

表布＝150cm寬
（S、M）2m40cm、
（ML、L）2m60cm
配布＝110cm寬
（S、M）90cm、（ML、L）1m10cm
裏布＝120cm寬
（S、M）1m70cm、（ML、L）1m90cm
布襯＝90cm寬20cm
隱形拉鍊＝56cm1條
滾邊條（兩摺類型）＝1.3cm寬10cm
風紀釦1組

●準備

後貼邊、前貼邊貼上布襯。
※M是「拷克（車布邊）」的簡稱。

●縫法順序

1 車縫表衣身的拼接線和脇邊。燙開縫份。
2 從後中心的開口止點開始車縫至拼接線。燙開縫份。
3 車縫隱形拉鍊。
4 車縫表裙片的脇邊。燙開縫份。
5 表裙片的下襬捲縫收邊。
6 車縫衣身和裙片。縫份倒向衣身端。
7 製作肩布和膝蓋布。
8 製作緞帶玫瑰（p.51 **23**）。
9 裏衣身的拼接線和脇邊熨燙活褶後，車縫。拼接線的縫份倒向中心端，脇邊的縫份倒向後側。
10 從裏衣身後中心的開口止點開始熨燙活褶至拼接線後，車縫。縫份倒向右側。
11 車縫貼邊的脇邊。燙開縫份。
12 車縫貼邊和裏衣身。縫份倒向裏衣身端。
13 把肩布夾進表衣身和貼邊之間，倒針縫。
14 縫上膝蓋布。
15 把裏布盲縫在拉鍊布帶上面。
16 縫上緞帶玫瑰。
17 把風紀釦縫在頂端。

裁片配置圖（裏布）

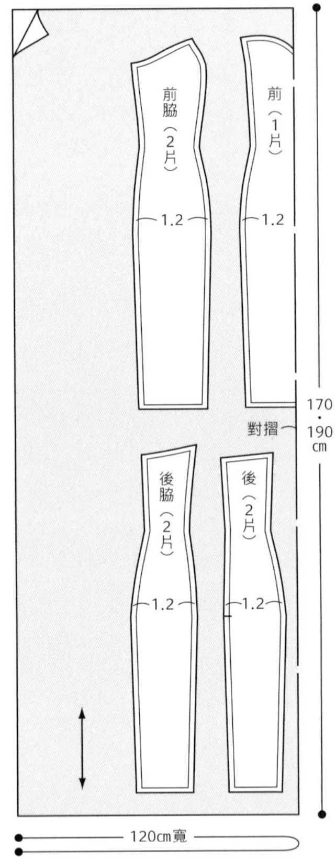

裁片配置圖（配布）

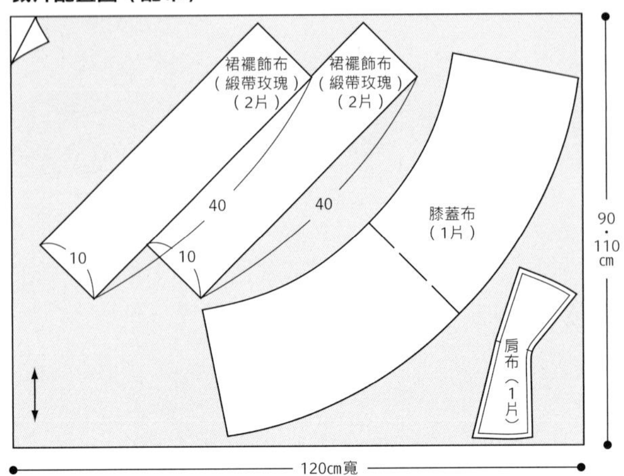

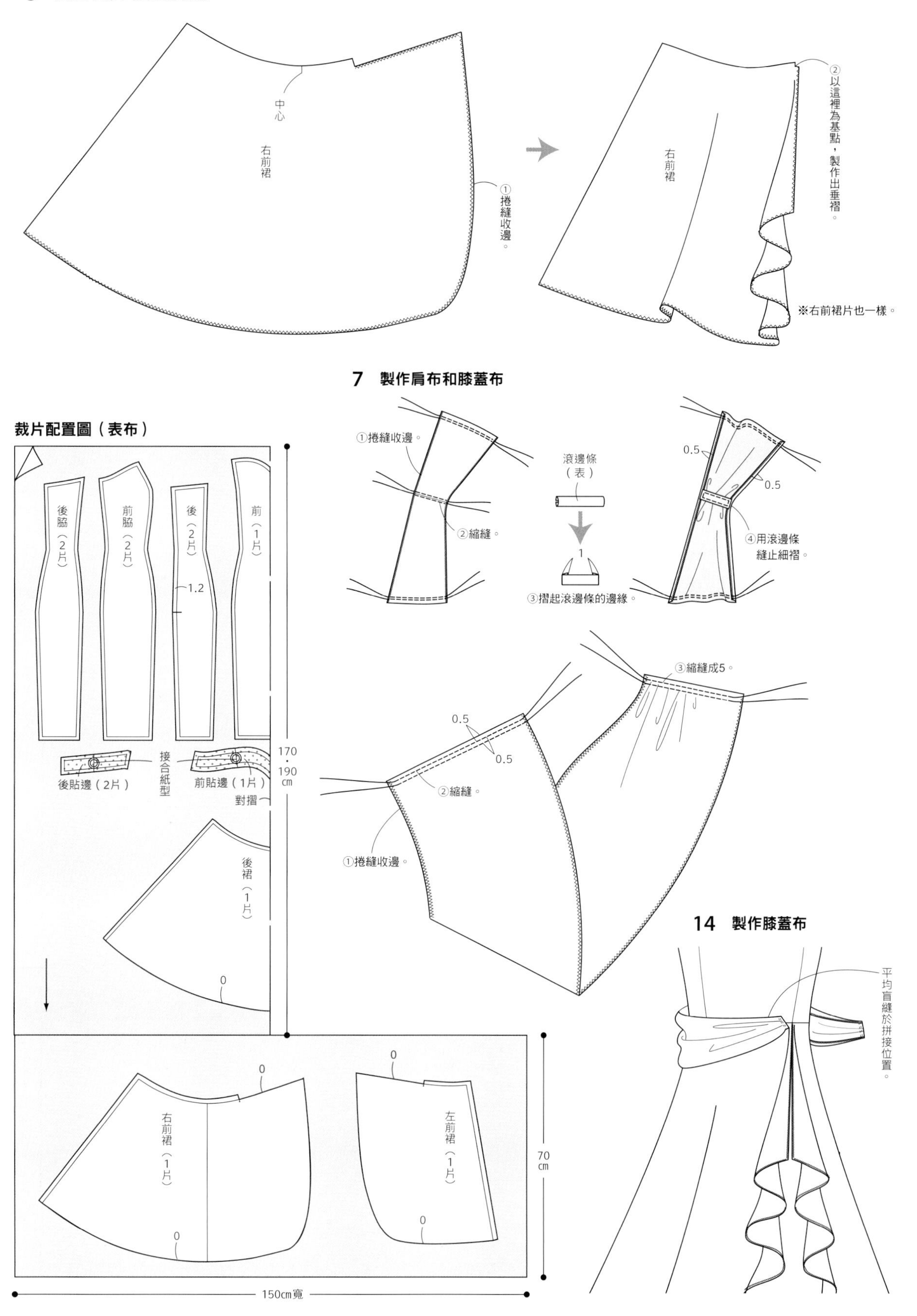
5 表裙片的下襬捲縫收邊
中心
右前裙
①捲縫收邊。
右前裙
②以這裡為基點，製作出垂褶。
※右前裙片也一樣。
7 製作肩布和膝蓋布
①捲縫收邊。
②縮縫。
滾邊條（表）
1
③摺起滾邊條的邊緣。
0.5
0.5
④用滾邊條縫止細褶。
③縮縫成5。
0.5
0.5
②縮縫。
①捲縫收邊。
裁片配置圖（表布）
後脇（2片）
前脇（2片）
後（2片）
前（1片）
1.2
後貼邊（2片）
接合紙型
前貼邊（1片）
對摺
170・190㎝
後裙（1片）
0
右前裙（1片）
0
0
左前裙（1片）
0
0
70㎝
150㎝寬
14 製作膝蓋布
平均盲縫於拼接位置。

Bustle line

Style 5 巴斯爾線條

page 36

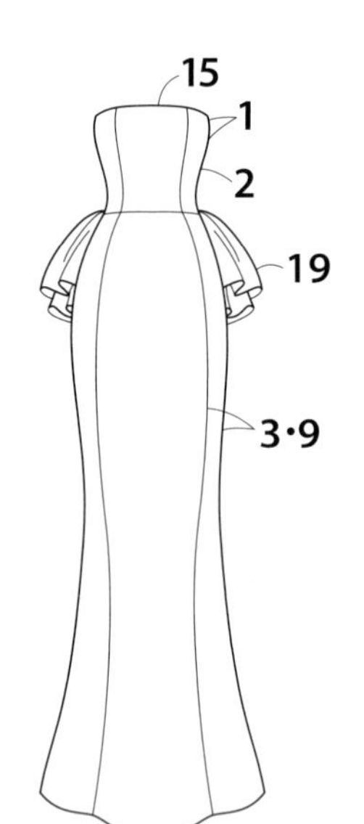

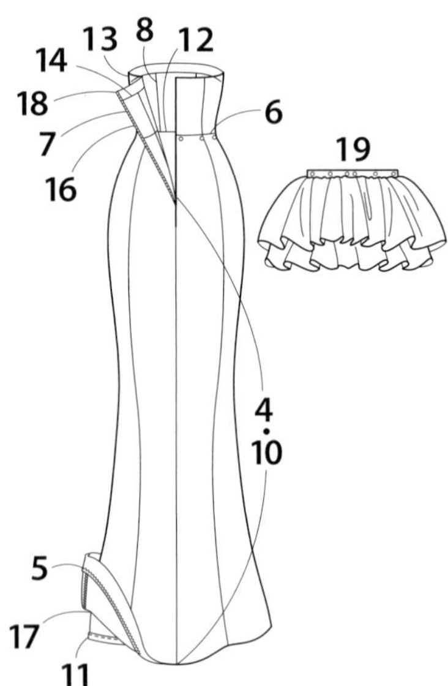

●材料

表布＝150cm寬
（S、M）2m30cm、
（ML、L）2m50cm
配布＝120cm寬70cm
裏布＝120cm寬
（S、M）2m60cm、（ML、L）2m80cm
布襯＝90cm寬（S、M）60cm、（ML、L）70cm
隱形拉鍊＝56cm1條
沙丁緞帶＝1.2cm寬1m
魚骨＝0.8cm寬1m
風紀釦＝1組

●準備

在後片、後脇、前脇、前片、後貼邊、前貼邊貼上布襯。
※M是「拷克（車布邊）」的簡稱。

●縫法順序

1 車縫表衣身的拼接線和脇邊。燙開縫份。
2 把沙丁緞帶縫在脇邊縫份上面，穿過魚骨（p.47 **2**）。
3 車縫表裙片的拼接線和脇邊。燙開縫份。
4 從表裙片後中心的開口止點開始車縫至下襬。燙開縫份。
5 表裙片的下襬加上M，盲縫成雙摺邊。
6 車縫表衣身和表裙片的腰線。燙開縫份。
7 車縫隱形拉鍊。
8 裏衣身的拼接線和脇邊熨燙活褶後，車縫。拼接線的縫份倒向中心端，脇邊的縫份倒向後側。
9 裏裙片的拼接線和脇邊熨燙活褶後，車縫。拼接線的縫份倒向中心端，脇邊的縫份倒向後側。
10 從裏裙片後中心的開口止點熨燙活褶至下襬後，車縫。縫份倒向右側。
11 裏裙片的下襬以2cm的三摺邊收邊。
12 車縫裏衣身和裏裙片的腰線。縫份倒向裙片端。
13 車縫貼邊的脇邊。燙開縫份。
14 車縫貼邊和裏衣身。縫份倒向衣身端。
15 倒針縫表衣身和貼邊。
16 把裏布盲縫在拉鍊布帶上面。
17 在腰線和脇邊縫合表裙片和裏裙片。
18 把風紀釦縫在頂端。
19 製作巴斯爾裙襯。

裁片配置圖（表布）

※未指定的縫份為1cm
※[ ]代表黏貼布襯的位置

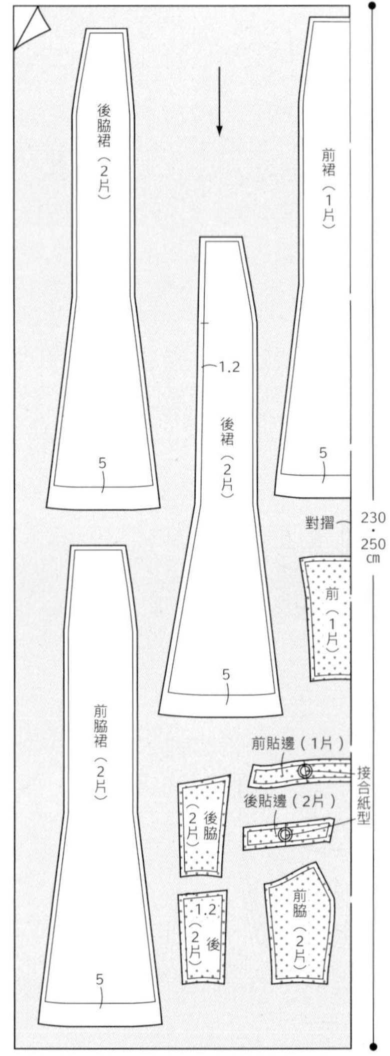

裁片配置圖（配布）

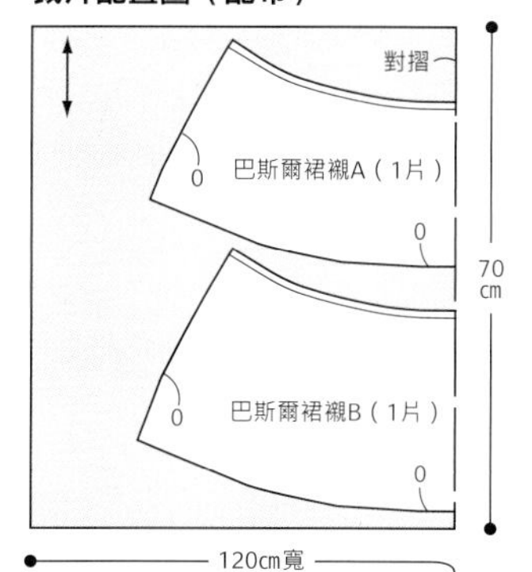

裁片配置圖（裏布）

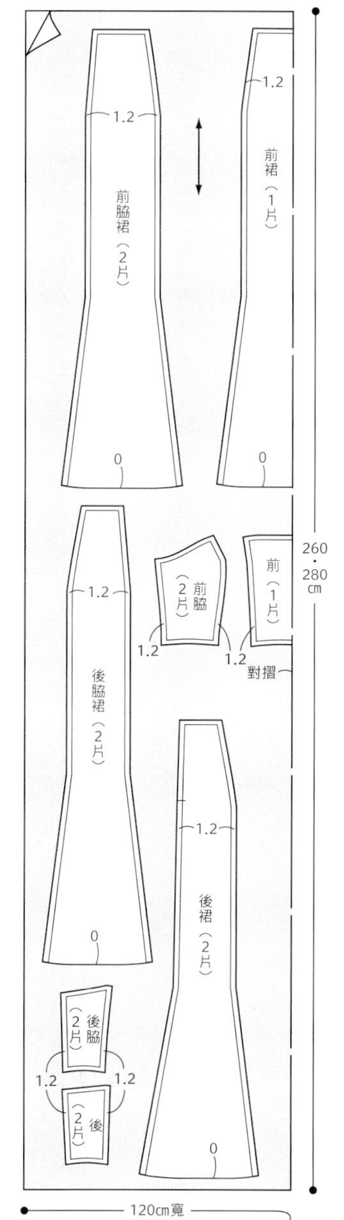

19 製作巴斯爾裙襯

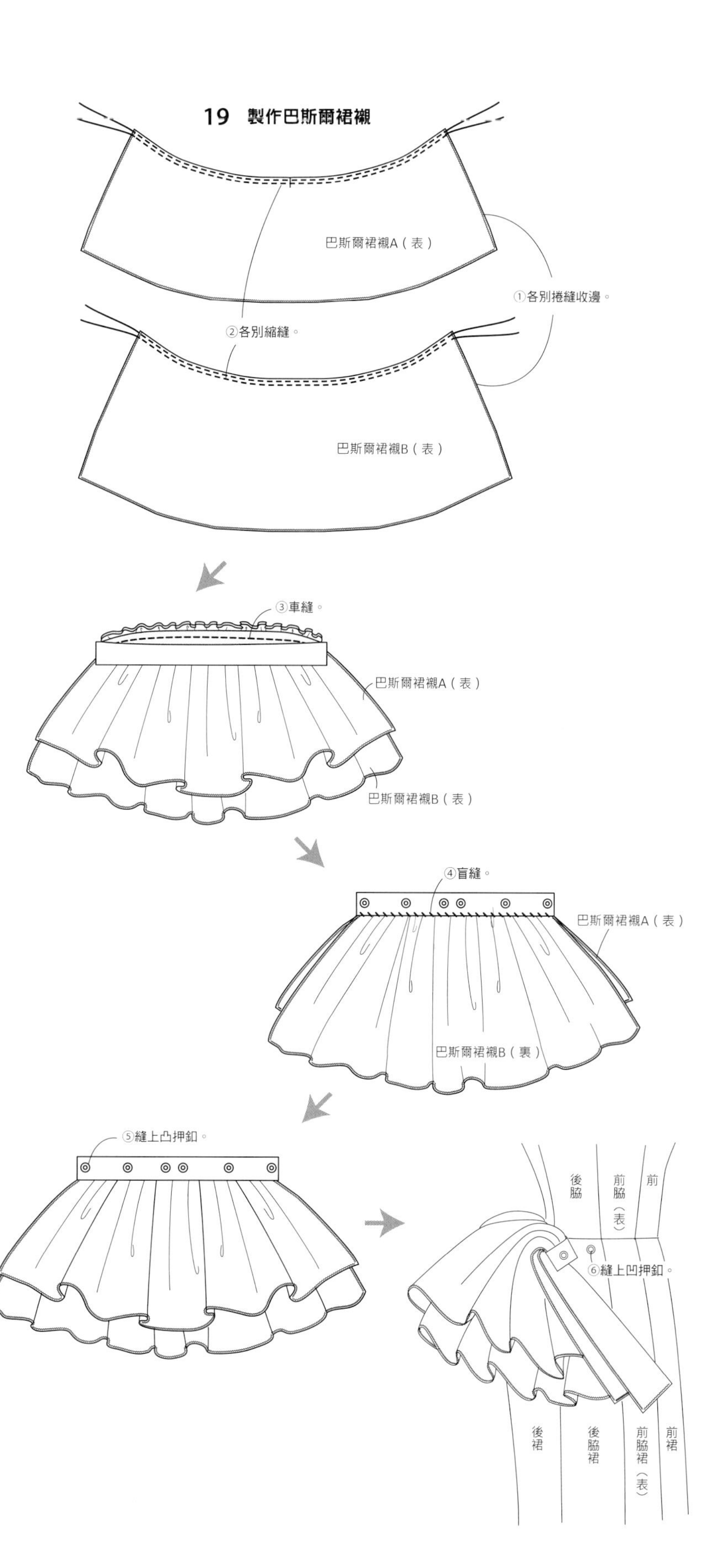

*B*ustle line

Style 5 巴斯爾線條

page 38

●材料

表布＝150cm寬
（S、M）3m、（ML、L）3m20cm
裏布＝120cm寬
（S、M）2m60cm、（ML、L）2m80cm
布襯＝90cm寬
（S、M）60cm、（ML、L）70cm
隱形拉鍊＝56cm1條
沙丁緞帶＝1.2cm寬1m
魚骨＝0.8cm寬1m
風紀釦＝1組

●準備

在後片、後脇、前脇、前片、後貼邊、前貼邊貼上布襯。
※M是「拷克（車布邊）」的簡稱。

●縫法順序

1 車縫表衣身的拼接線和脇邊。燙開縫份。
2 把沙丁緞帶車縫在脇邊縫份上面，穿過魚骨（p.47 **2**）。
3 車縫表裙片的拼接線和脇邊。燙開縫份。
4 從表裙片後中心的開口止點車縫至下襬。燙開縫份。
5 表裙片的下襬加上M，盲縫成雙摺邊。
6 製作小腰裙。
7 把小腰裙夾在表衣身和表裙片的腰線之間，車縫。燙開縫份。
8 車縫隱形拉鍊。
9 裏衣身的拼接線和脇邊熨燙活褶後，車縫。拼接線的縫份倒向中心端，脇邊的縫線倒向後側。
10 裏裙片的拼接線和脇邊熨燙活褶後，車縫。拼接線的縫份倒向中心端，脇邊的縫線倒向後側。
11 從裏裙片後中心的開口止點開始熨燙活褶至下襬後，車縫。縫份倒向右側。
12 裏裙片的下襬以2cm的三摺邊收邊。
13 車縫裏衣身和裏裙片的腰線。縫份倒向裙片端。
14 車縫貼邊的脇邊。燙開縫份。
15 車縫貼邊和裏衣身。縫份倒向衣身端。
16 製作褶飾邊。
17 把褶飾邊夾在貼邊和表衣身之間，車縫。縫份倒向衣身端。
18 表衣身和貼邊倒針縫。
19 把裏布盲縫在拉鍊布帶上面。
20 在腰線和脇邊縫合表裙片和裏裙片。
21 風紀釦縫在上緣，押釦縫在小腰裙的開口。

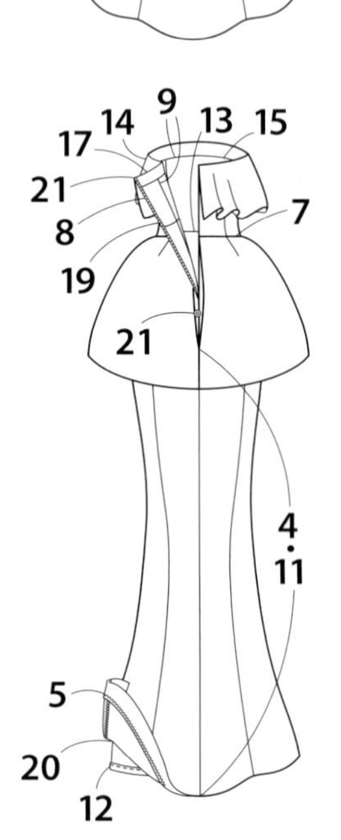

裁片配置圖（裏布）

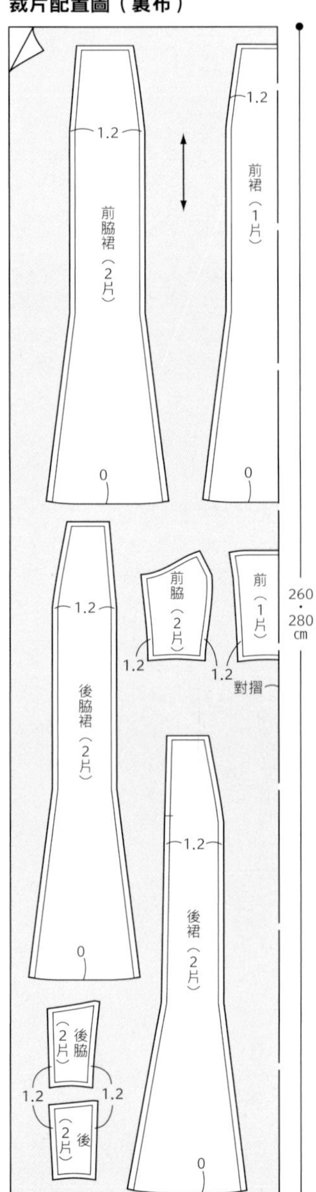

※未指定的縫份為1cm
※▒代表黏貼布襯的位置

裁片配置圖（表布）

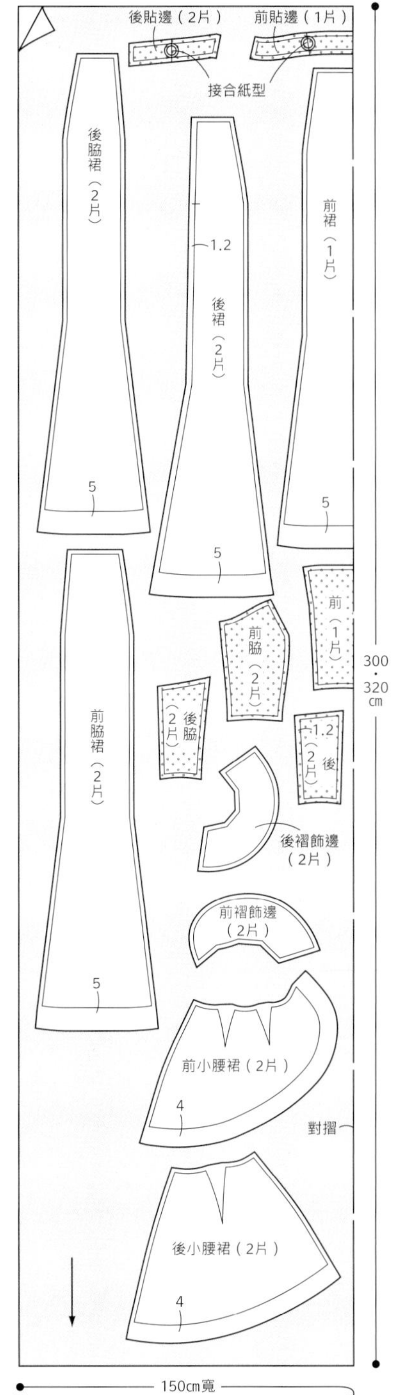

6 製作小腰裙

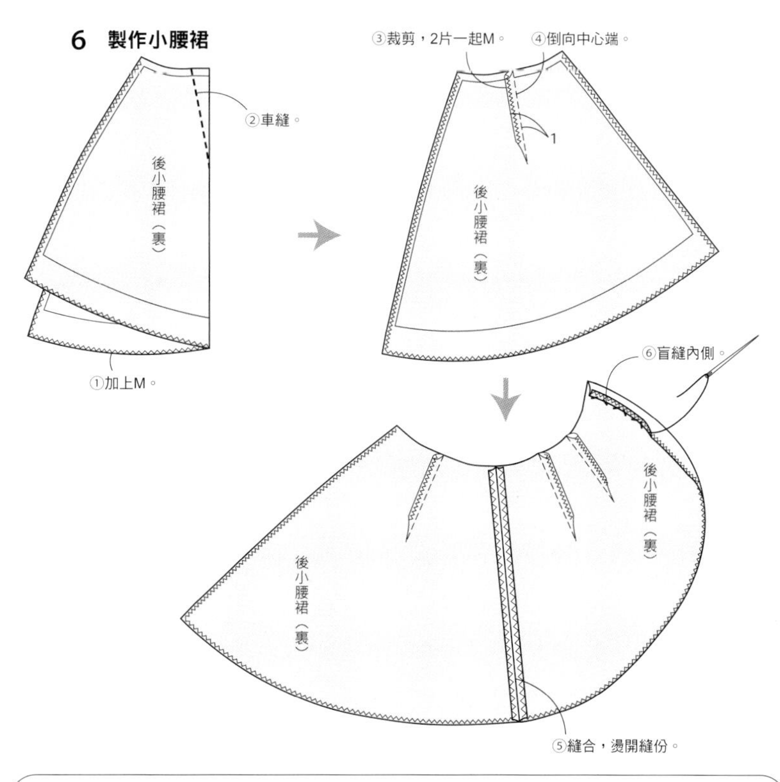

裙襯用裙撐

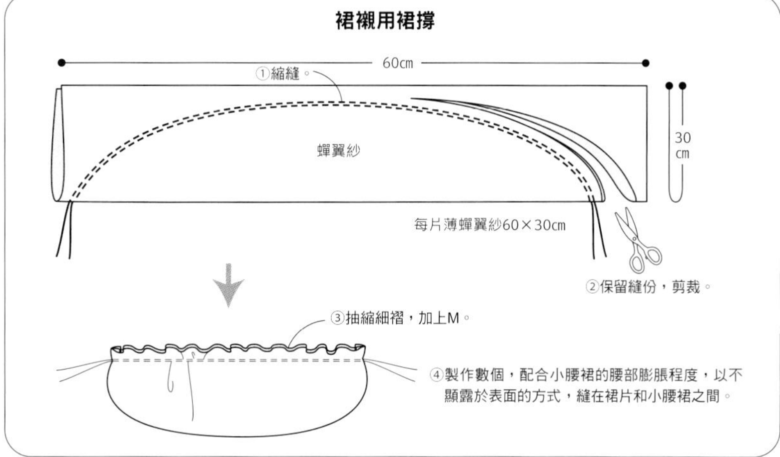

16 製作褶飾邊

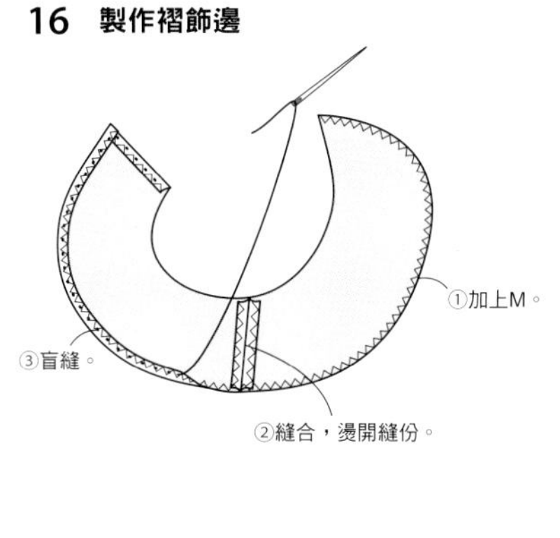

21 把押釦縫於小腰裙的開口

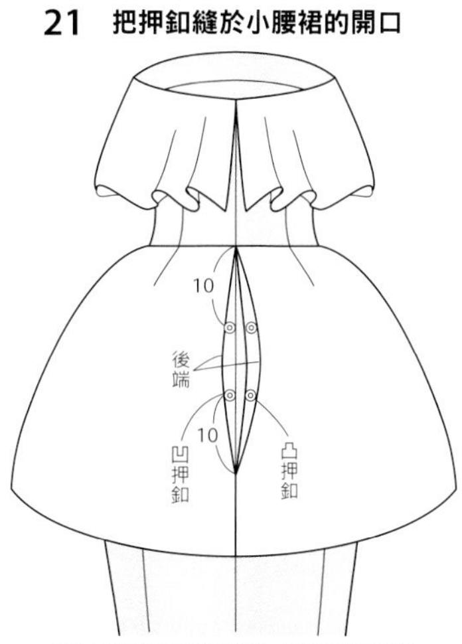

※為了讓開口部分更清楚，這裡加上了顏色。

20

Bustle line

Style 5 巴斯爾線條

page 40

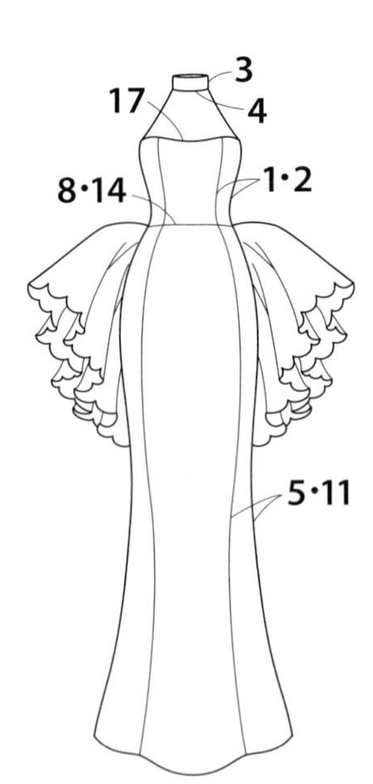

●材料

表布＝150cm寬
（S、M）2m30cm、
（ML、L）2m50cm
配布A＝110cm寬
（S、M）3m20cm、（ML、L）3m40cm
配布B＝110cm寬30cm
裏布＝120cm寬
（S、M）2m60cm、（ML、L）2m80cm
布襯＝90cm寬
（S、M）60cm、（ML、L）70cm
隱形拉鍊＝56cm1條
沙丁緞帶＝1.2cm寬1m
魚骨＝0.8cm寬1m
風紀釦＝1組

●準備

在後片、後脇、前脇、前片、後貼邊、前貼邊。衣領貼上布襯。
※M是「拷克（車布邊）」的簡稱。

●縫法順序

1 車縫表衣身的拼接線和脇邊。燙開縫份。
2 把沙丁緞帶車縫在脇邊縫份上面，穿過魚骨（p.47 **2**）。
3 車縫衣領。
4 縫合衣領和前剪接片。
5 車縫表裙片的拼接線和脇邊。燙開縫份。
6 從表裙片後中心的開口止點車縫至下襬。燙開縫份。
7 表裙片的下襬加上M，盲縫成雙摺邊。
8 車縫表衣身和表裙片的腰線。燙開縫份。
9 車縫隱形拉鍊。
10 裏衣身的拼接線和脇邊熨燙活褶後，車縫。拼接線的縫份倒向中心端，脇邊的縫線倒向後側。
11 裏裙片的拼接線和脇邊熨燙活褶後，車縫。拼接線的縫份倒向中心端，脇邊的縫線倒向後側。
12 從裏裙片後中心的開口止點開始熨燙活褶至下襬後，車縫。縫份倒向右側。
13 裏裙片的下襬以2cm的三摺邊收邊。
14 車縫裏衣身和裏裙片的腰線。縫份倒向裙片端。
15 車縫貼邊和裏衣身。縫份倒向衣身端。
16 貼邊和表衣身倒針縫。
17 車縫表衣身和貼邊。縫份倒向衣身端。
18 把裏布盲縫在拉鍊布帶上面。
19 在腰線和脇邊縫合表裙片和裏裙片。
20 把風紀釦縫在頂端。
21 把押釦縫在衣領和腰線。
22 製作巴斯爾裙襯。

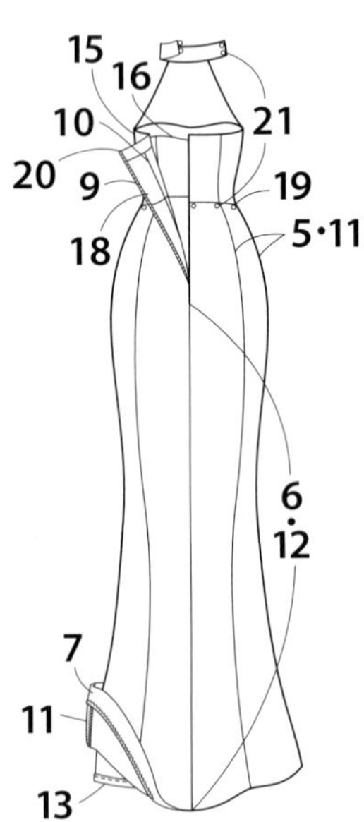

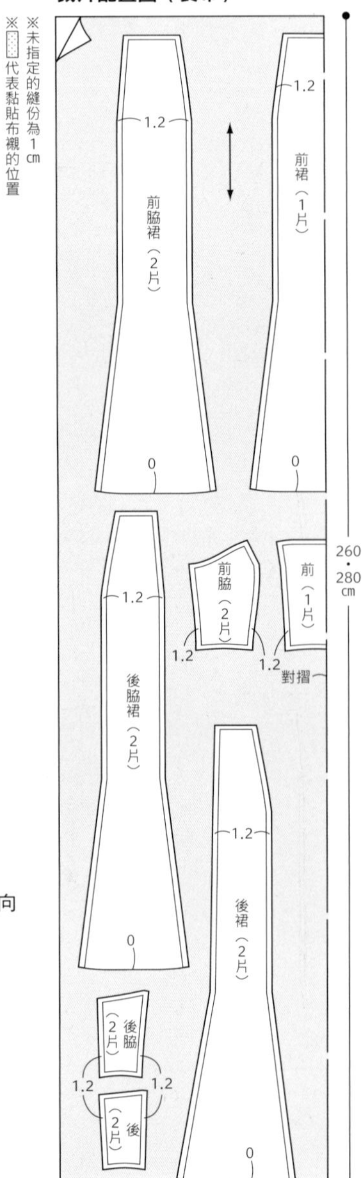

21 把押釦縫在衣領

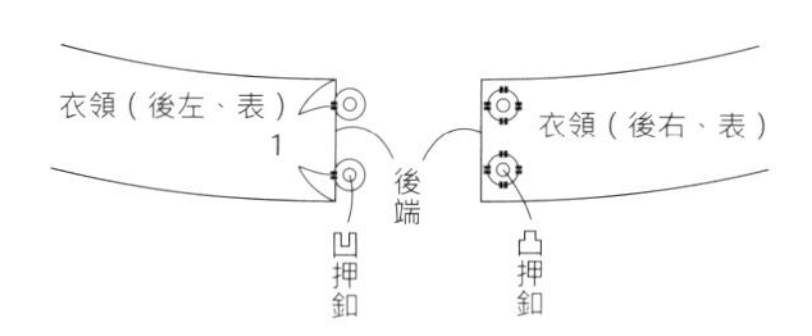

22 製作裙襯

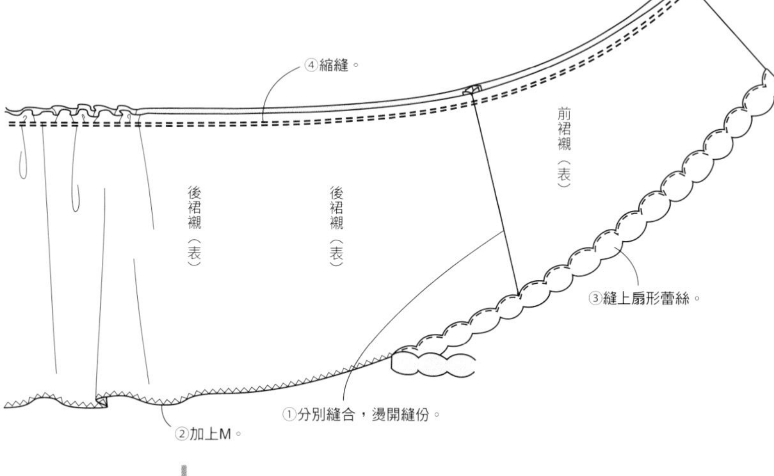

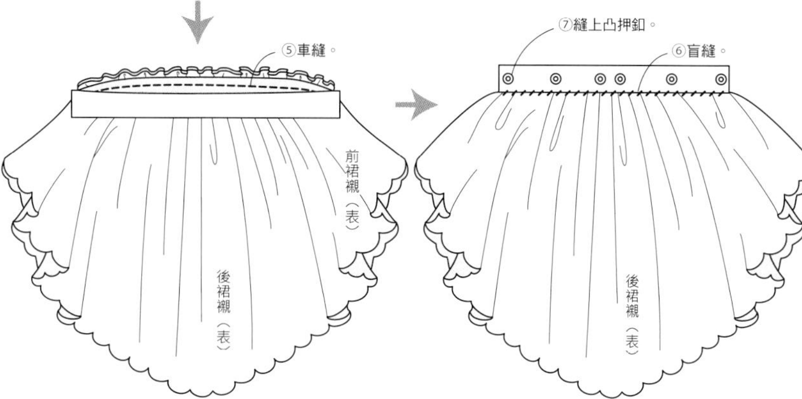

裁片配置圖(配布B)

裁片配置圖(表布)

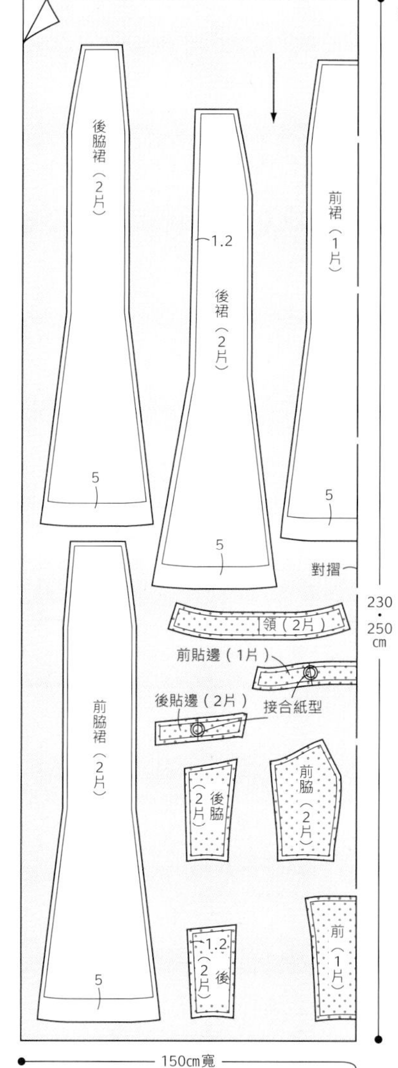

裁片配置圖(配布A)

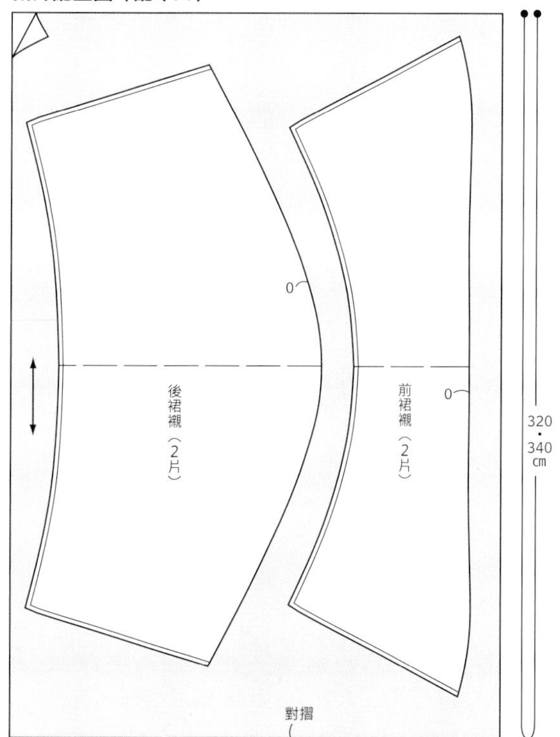

Bustle line

Style 5 巴斯爾線條

應用 3 page 42

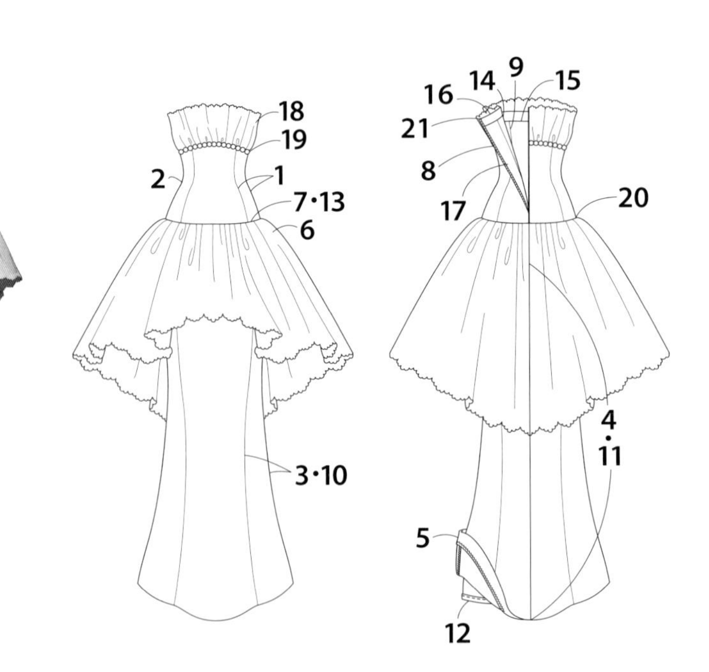

●材料

表布＝150cm寬
（S、M）2m10cm、
（ML、L）2m30cm
配布（雙耳扇形蕾絲）＝110cm寬
（S、M）3m20cm、（ML、L）3m60cm
裏布＝120cm寬
（S、M）2m30cm、（ML、L）2m50cm
布襯＝90cm寬90cm
隱形拉鍊＝56cm1條
沙丁緞帶＝1.2cm寬1m
魚骨＝0.8cm寬1m
珍珠＝直徑1cm（S）78顆、（M）82顆、（ML）86顆、（L）90顆
風紀釦＝1組

●準備

在後片、後脇、前脇、前片、後貼邊、前貼邊貼上布襯。
※M是「拷克（車布邊）」的簡稱。

●縫法順序

1 車縫表衣身的拼接線和脇邊。燙開縫份。
2 把沙丁緞帶車縫在脇邊縫份上面，穿過魚骨（p.47 **2**）。
3 車縫表裙片的拼接線和脇邊。燙開縫份。
4 從表裙片後中心的開口止點車縫至下襬。燙開縫份。
5 表裙片的下襬加上M，盲縫成雙摺邊。
6 製作裙襯。
7 把裙襯夾在表衣身和表裙片的腰線之間，車縫。燙開縫份。
8 車縫隱形拉鍊。
9 裏衣身的拼接線和脇邊熨燙活褶後，車縫。拼接線的縫份倒向中心端，脇邊的縫線倒向後側。
10 裏裙片的拼接線和脇邊熨燙活褶後，車縫。拼接線的縫份倒向中心端，脇邊的縫線倒向後側。
11 從裏裙片後中心的開口止點開始熨燙活褶至下襬後，車縫。縫份倒向右側。
12 裏裙片的下襬以2cm的三摺邊收邊。
13 車縫裏衣身和裏裙片的腰線。縫份倒向裙片端。
14 車縫貼邊的脇邊。燙開縫份。
15 車縫貼邊和裏衣身。縫份倒向衣身端。
16 表衣身和貼邊倒針縫。
17 把裏布盲縫在拉鍊布帶上面。
18 製作褶飾邊。
19 把褶飾邊、珍珠縫在衣身上面。
20 在腰線和脇邊縫合表裙片和裏裙片。
21 把風紀釦縫在頂端。

裁片配置圖（表布）

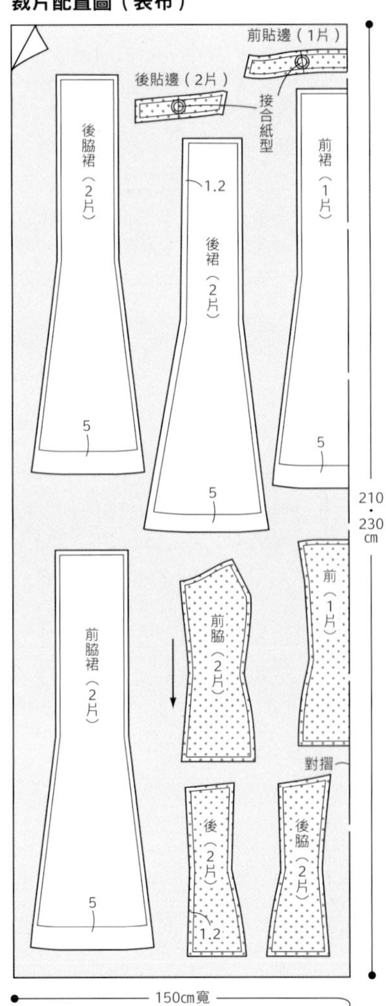

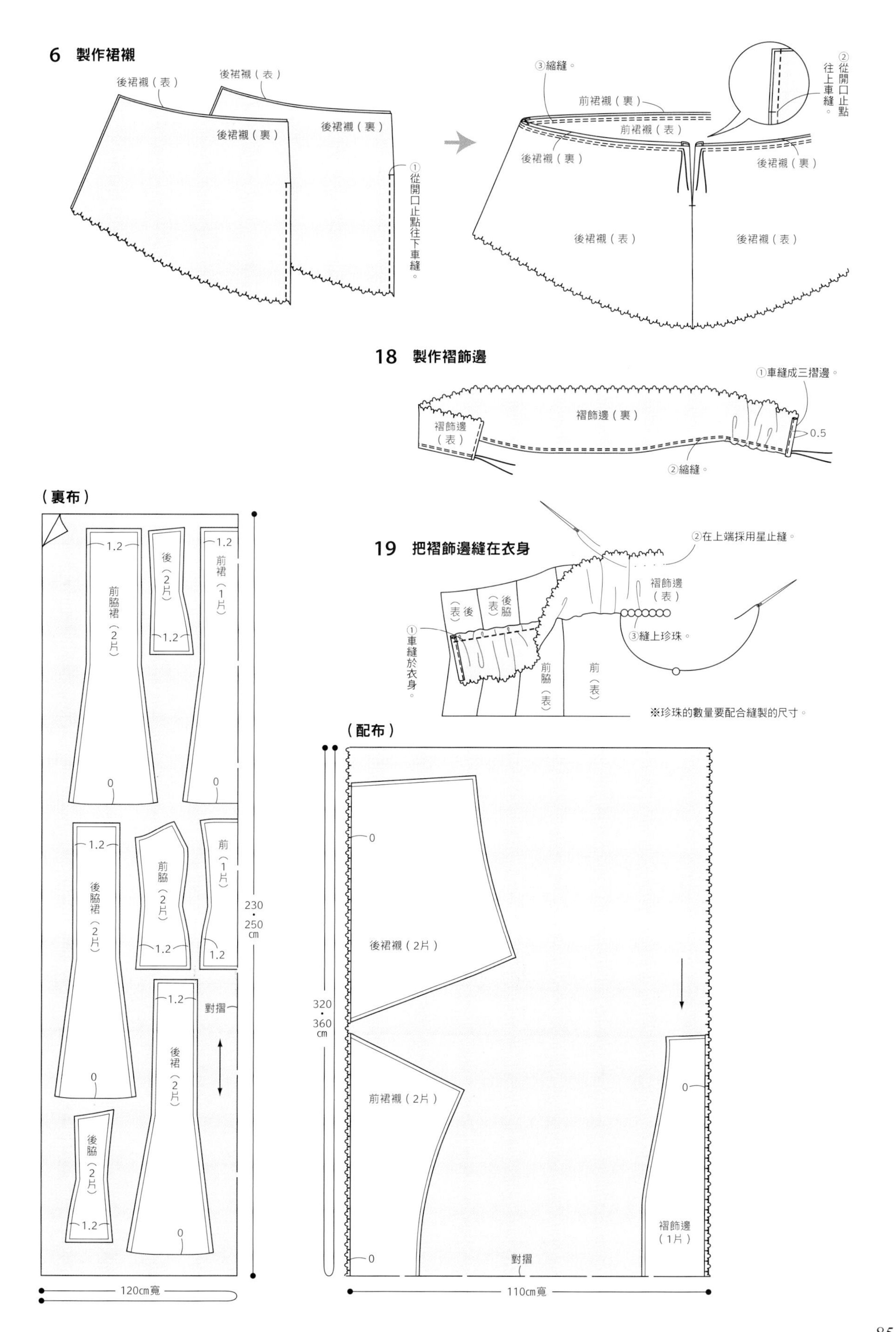

6 製作裙襯
後裙襯（表）
後裙襯（表）
後裙襯（裏）
後裙襯（裏）
①從開口止點往下車縫。
③縮縫。
前裙襯（裏）
前裙襯（表）
後裙襯（裏）
後裙襯（裏）
②從開口止點往上車縫。
後裙襯（表）
後裙襯（表）
18 製作褶飾邊
①車縫成三摺邊。
褶飾邊（裏）
褶飾邊（表）
0.5
②縮縫。
19 把褶飾邊縫在衣身
②在上端採用星止縫。
褶飾邊（表）
後（表）
後脇（表）
①車縫於衣身。
③縫上珍珠。
前脇（表）
前（表）
※珍珠的數量要配合縫製的尺寸。
（裏布）
1.2
前脇裙（2片）
0
後（2片）
1.2
前裙（1片）
1.2
0
後脇裙（2片）
1.2
0
前脇（2片）
1.2
前（1片）
1.2
後脇（2片）
1.2
後裙（2片）
1.2
0
對摺
230・250cm
120cm寬
（配布）
0
後裙襯（2片）
前裙襯（2片）
0
對摺
0
褶飾邊（1片）
320・360cm
110cm寬

Style 1 A線條
Style 3 公主線條

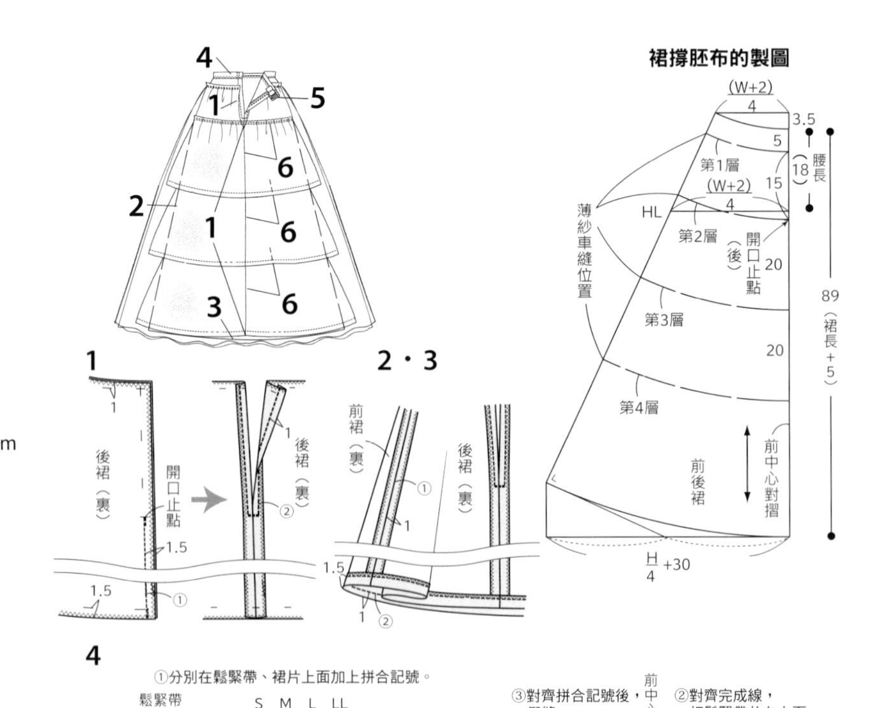

●製圖紙型

前後裙片

●材料

表布（硬紗、胚布）＝130cm寬

（S、M）1m50cm、（ML、L）1m70cm

表布（軟薄紗、1〜4層）

＝186cm寬6m60cm

鬆緊帶＝2cm寬　S＝63cm、

M＝66cm、ML＝69cm、L＝72cm

9字鉤＝內徑2cm1個

●準備

後中心、脇邊、腰線、下襬加上M。

※M是「拷克（車布邊）」的簡稱。

●縫法順序

1. 從後中心的開口止點開始車縫至下襬。燙開縫份。把開口車縫成雙摺邊。
2. 車縫脇邊。燙開縫份。
3. 把下襬車縫成雙摺邊。
4. 把鬆緊帶縫在腰線上面。
5. 縫上9字鉤。
6. 車縫薄紗的後中心。燙開縫份。抽縮細褶後，縫在胚布上面。

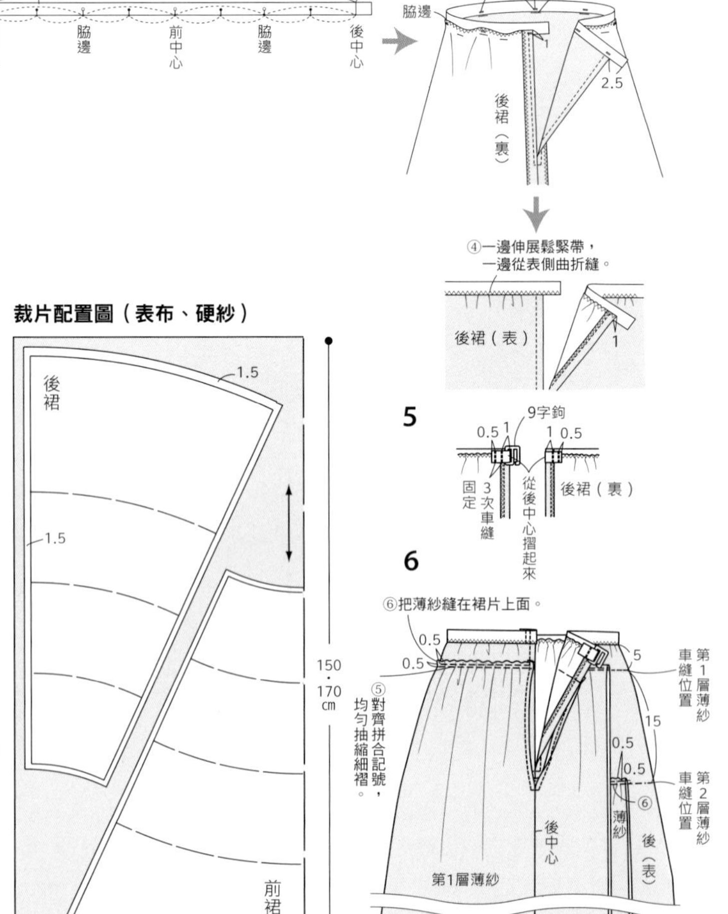

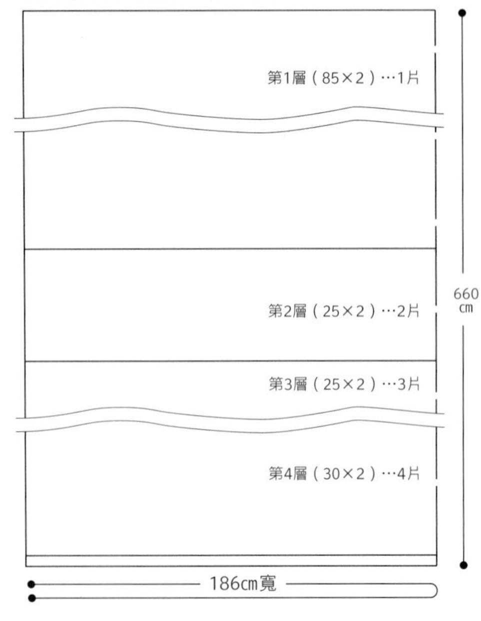

關於原型

利用文化式原型成人女子實用大小紙型的製圖

附錄的實物大小紙型是分級成S、M、ML、L 4種尺寸的展開圖。為了讓p.45的尺寸表以外的尺寸也能使用，這裡刊載了「文化式原型成人女子」的製圖。附錄的實物大小紙型1面有「婚紗＆禮服用原型　5～21號」。一般的文化式原型成人女子有腰褶的參考線，這裡則省略了製圖上所不需要的原型線。請參考「婚紗＆禮服用原型」的尺寸表，根據原型進行設計製圖。另外，布料的使用量也會隨原型的尺寸改變，請多加注意。

文化式原型成人女子

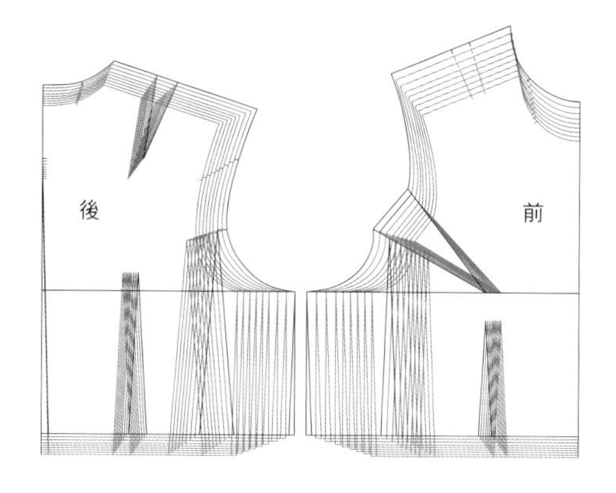

婚紗＆禮服原型尺寸表

（單位：cm）

尺寸（號）	胸圍	身長
5	77	38
7	80	
9	83	
11	86	
13	89	
15	92	
17	96	
19	100	
21	104	

※胸圍為裸身尺寸。
原型的胸圍部分含12cm的彈性尺寸。

婚紗＆禮服原型

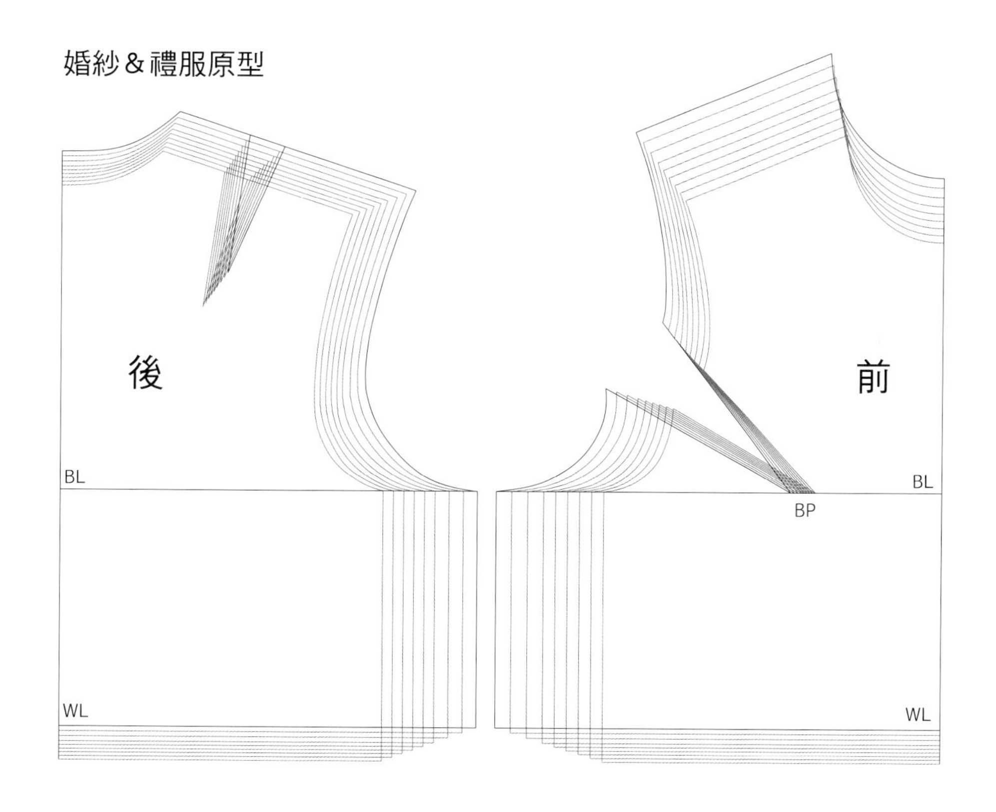

PROFILE

Dress design

野中慶子　Keiko Nonaka

昭和女子大學短期大學部初等教育學科畢業後，進入文化服裝學院，技術專攻科畢業。
曾任該學院講師，現在於文化服裝學院服裝設計科以教授身分執教鞭。
現任學校法人文化學園理事、文化服裝學院副院長。
獲頒財團法人衣服研究振興會第17屆「衣服研究獎勵賞」。

Illustration

岡本阿津沙　Azusa Okamoto

文化服裝學院服裝設計科畢業。
以文化學園兼職講師、時裝設計圖講師的身分執教鞭。

Digital illustration

松尾一弘　Kazuhiro Matsuo

文化服裝學院服裝設計科畢業。
現在在文化服裝學院 相關學科，以資訊教育專任助手的身分執教鞭。

TITLE

從5種版型學會做20款婚紗&禮服

STAFF

出版	瑞昇文化事業股份有限公司
作者	野中慶子　岡本阿津沙　松尾一弘
譯者	羅淑慧
總編輯	郭湘齡
責任編輯	黃美玉
文字編輯	蔣詩綺　徐承義
美術編輯	孫慧琪
排版	二次方數位設計
製版	昇昇興業股份有限公司
印刷	皇甫彩藝印刷股份有限公司
戶名	瑞昇文化事業股份有限公司
劃撥帳號	19598343
地址	新北市中和區景平路464巷2弄1-4號
電話	(02)2945-3191
傳真	(02)2945-3190
網址	www.rising-books.com.tw
Mail	resing@ms34.hinet.net
初版日期	2018年5月
定價	400元

ORIGINAL JAPANESE EDITION STAFF

ブックデザイン	岡山とも子
布地撮影	安田如水（文化出版局）
デジタルトレース	文化フォトタイプ
パターングレーディング	上野和博
校閲	向井雅子
作り方解説	小林涼子　鈴木光子　高木ますき
協力	文化学園ファッションリソースセンター
編集協力	山﨑舞華
編集	平山伸子（文化出版局）
発行人	大沼 淳

國家圖書館出版品預行編目資料

從5種版型學會做20款婚紗&禮服 / 野中慶子, 岡本阿津沙, 松尾一弘作；羅淑慧譯. -- 初版. -- 新北市：瑞昇文化, 2018.05
88面；19 X 25.7公分
ISBN 978-986-401-240-4(平裝)

1.服裝設計 2.女裝

423.23　107005694